김밥은 장르다
숙이네 김밥 **100**

김밥은 장르다
숙이네 김밥 **100**

숙이네키친 한혜리 지음

로그인

프롤로그

여러분, 김밥 좋아하세요? 저는 정말 좋아합니다. 좀 더 정확하게는 수많은 김밥을 말아오면서 그 매력에 푹 빠지게 되었습니다. 김과 밥, 그리고 다양한 재료를 돌돌 말기만 하면 든든한 한 끼가 되는 김밥. 재료와 조리법을 바꿀 때마다 색다른 매력을 가진 김밥이 탄생하는 걸 보고 깨달았습니다. 김밥은 한계가 없다는 사실을요. 제가 상상한 대로, 그리고 다양한 모습으로 변신하는 김밥은 단순한 음식을 넘어 하나의 문화이자 장르였어요. 이런 김밥의 매력을 널리 알리고 싶었고, 그 마음을 담아 '김밥은 장르다'라는 슬로건을 만들었습니다.

제가 처음부터 김밥 레시피만 해온 것은 아닙니다. 유튜브를 처음 시작했을 때는 한식부터 양식, 디저트까지 다양한 요리를 다뤘죠. '맛있는 한 끼'를 중요하게 여기는 저와 남편은 마치 외식을 하듯 집에서도 근사한 요리를 먹고 싶었거든요. 그래서 요리 과정을 촬영해 영상화했는데 그 과정에서 요리 실력이 늘었고, 많은 분들이 제 레시피를 좋아해 주시는 걸 보며 점점 욕심을 갖게 되었어요.

하지만 모든 요리가 똑같이 사랑받은 건 아니었어요. 말 그대로 폭발적인 반응이 오는 레시피가 있는 반면 전혀 주목받지 못하는 레시피도 있었죠. 그렇게 저와 남편은 반응을 분석하면서 한 가지 패턴을 발견했어요. 반응이 좋은 레시피는 대체로 비슷한 결을 가지고 있다는 사실이었죠. 그러던 중 올린 김밥 레시피 하나가 큰 반응을 얻었고, 그때 저는 제가 김밥을 마는 데 재능이 있다는 사실을 깨달았습니다. 본격적으로 김밥 레시피에 집중하게 된 거죠. 자주 말다 보니 김밥만으로도 끝없는 레시피가 나올 것 같았고, 결국 김밥 레시피 전문 크리에이터가 되기로 결심했어요.

그렇게 차곡차곡 쌓아온 김밥 레시피가 어느새 100개를 훌쩍 넘었습니다. 제 레시피는 화려하지 않습니다. 엄청 푸짐하지도 않습니다. 대신 집밥이 주는 따뜻함과 정겨움이 있지요. 소박해도 맛 하나는 자신할 수 있습니다. 사 먹는 김밥은 재료가 많이 들어가고 푸짐해야 값을 인정받죠. 하지만 제가 만든 김밥은 조금 다릅니다. 쉽고 간단한데 100가지 김밥이 모두 자기만의 맛을 내거든요. 지금도 저는 간단하지만 특별한 김밥을 매일 고민 중입니다. 이런 저의 고민을 아시는지 많은 분들이 직접 만들어보고 감동을 전해주고 계십니다. 그중에서도 가장 행복한 순간은 "아이에게 만들어줬더니 정말 맛있게 잘 먹었어요. 감사합니다."라는 말을 들을 때입니다.

제가 유튜브를 시작한 이유도 가족을 위해 제가 할 수 있는 일을 하기 위해서였습니다. 제가 만든 김밥을 먹고 맛있다며 엄지를 들어 최고라고 말해주는 딸아이에게 받는 감동이 컸거든요. 맛있는 음식을 만들어주면 엄마는 아이에게 히어로가 되잖아요. 그 행복을 자주 만끽하고 싶어서 끊임없이 레시피를 고민했고, 고민을 레시피로 옮기게 되었습니다.

무한 매력을 가진 김밥을 소개하고 전하는 역할을 맡게 되어 영광입니다. 김밥을 향한 제 마음과 여러분의 마음이 연결되었다는 사실은 더 영광입니다. 이 책이 여러분의 집밥을 더 다채롭고 맛있게 만들어줄 수 있으면 좋겠습니다. '김밥은 장르다'라는 저희의 확신이 흔들리지 않도록 앞으로도 더 맛있고 특별한 김밥을 만들겠습니다. 숙이네키친을 함께 만들어가는 PD이자 저의 든든한 동반자인 남편, 김밥에 진심인 엄마 아빠를 항상 지지하고 믿어주는 든든한 응원군 딸 다인이에게 고마운 마음과 우주만큼 사랑한다는 말을 전합니다.

2025년 봄
숙이네키친 한혜리

차례

1장

3 장

4장

숙이네 김밥을 소개합니다

숙이네가 마는 김밥은 크게 9가지입니다. 일반적으로 말아 먹는 기본 김밥부터 기본 김밥의 1/4 크기로 만든 꼬마김밥, 돌돌 말지 않고 접어 만든 접는 김밥, 그리고 김 없이 만드는 김밥까지 모양과 마는 방법에 따라 다양하지요. 본격적으로 레시피를 소개하기 전에 각각의 김밥이 지닌 특징을 간단히 소개할게요.

01
· 기본 김밥 ·

김 전체에 밥을 얇게 펴고 재료를 가운데에 올려 돌돌 말아 한입 크기로 잘라 먹는 김밥이에요. 우리가 흔히 볼 수 있는 가장 기본적인 김밥이지요.

02
· 꼬마김밥 ·

기본 김밥의 1/4 크기로 만 작은 김밥이에요. 김을 가로로 한 번, 세로로 한 번 접어 4등분해서 사용해요. 밥을 얇게 깔고 재료도 작게 썰어서 넣어야 예쁘게 말아져요. 칼로 자르지 않고 하나씩 집어 먹는 게 특징이랍니다.

03
· 무스비 김밥 ·

하와이에서는 밥 위에 스팸과 계란을 올려 만든 주먹밥을 '무스비'라고 불러요. 무스비의 특징인 넓적한 스팸 모양을 그대로 살려 만든 김밥이지요. 보통 스팸을 넓적하게 썰어 넣는데 스팸 대신 계란이나 다른 재료를 넓적하게 조리해 넣어도 맛있어요. 김에 밥을 깔고 그 위에 넓적한 재료를 올려 돌돌 말아주면 색다른 김밥이 완성된답니다.

04
· 반줄 김밥 ·

이름처럼 김을 반으로 잘라 간편하게 만든 김밥이에요. 크기가 작아 한 손으로 들고 먹기 좋지요. 기본 김밥처럼 만들 수도 있지만 여러 재료를 한방에 조리해서 간단하게 넣을 수도 있어요. 가볍게 한 끼를 해결하고 싶을 때 만들어 먹으면 좋습니다.

05
· 삼각김밥 ·

세모 모양으로 만든 김밥이에요. 밥 가운데에 재료를 넣고 삼각형 모양으로 뭉쳐 김
으로 감싸 만들 수도 있고, 김을 대각선 방향으로 접어 삼각형 모양으로 잘라 만들
수도 있어요. 손으로 잡고 먹기 편하고 한 개만 먹어도 든든하다는 게 장점이에요.

06
· 유부롤 ·

조린 유부를 넓게 펼쳐 김 대신 사용해 김밥처럼 돌돌 만 김밥이에요. 달콤하고 짭
조름한 유부 덕에 색다른 맛을 즐길 수 있답니다.

07
· 주먹밥 ·

재료를 볶거나 비벼서 한 입 또는 한 끼 크기로 동그랗게 뭉친 밥이에요. 김을 잘게
부숴 넣거나 김자반을 섞어 만들면 더 맛있지요.

08
· 접는 김밥 ·

돌돌 말지 않고 반만 접거나 넓적한 재료 모양에 맞춰 두세 번 접어 만든 김밥이에
요. 김밥 마는 게 어려운 사람도 쉽게 만들 수 있고 맛은 그대로 즐길 수 있으니 초보
인 분들께 추천합니다.

09
· 김 없는 김밥 ·

김을 사용하지 않고 만든 김밥이에요. 김 대신 계란 지단을 넓게 부쳐 말 수도 있고
묵은지나 삶은 양배추를 이용해 만들 수도 있어요. 김 없이도 맛있는 김밥을 즐길 수
있으니 별미겠죠?

좀 더 맛있고 예쁜 김밥
만드는 법

가운데로 몰린 밥은 얇게 펴지지 않고, 재료를 많이 넣은 것도 아닌데 김밥 옆구리는 자꾸 터지고, 얇은 두께와 색이 핵심인 지단은 다 찢어지고……. 김밥을 말면서 한 번쯤 다 경험해 보셨죠? 저 역시 오래 그리고 많은 시행착오를 겪었습니다. 그러면서 터득한 예쁘고 맛있는 김밥 싸는 법 알려드릴게요.

1. 어떤 쌀을 골라야 할까요?

찰기가 적당하고 윤기가 나며 한 알 한 알 잘 붙는 쌀이 좋아요. 그래야 김밥을 말 때 밥이 쉽게 떨어지거나 잘 뭉치지 않습니다. 저는 시중에서 판매하는 신동진미나 삼광미를 주로 이용하고 있습니다.

2. 밥물은 어떻게 잡아야 할까요?

일반 백미 기준으로 쌀과 물을 1:1.1 비율로 잡으면 고슬고슬하고 촉촉한 밥이 지어집니다. 물을 너무 많이 잡아 진밥이 되면 김에 깔 때 밥알이 뭉개져 식감이 떨어지니 주의하세요.

> **맛있는 밥 짓는 법**
> - 쌀을 깨끗이 씻어 30분 정도 불려주세요.
> - 취사가 끝난 뒤 밥솥 뚜껑을 바로 열지 말고 10분 정도 뜸을 들인 뒤 열어주세요.
> - 밥이 찐득해지는 것을 방지하기 위해 밥을 섞을 때는 주걱으로 살살 눌러 공기를 넣어주세요.

3. 맛있는 김 고르는 법이 궁금합니다.

- 살짝 도톰하고 원초가 고르게 퍼져 있는 김이 좋아요. 김의 두께는 포장지의 그램(g) 수로 확인하세요.
- 두 번 구운 김이나 네 번 구운 김이 쫀쫀해서 잘 터지지 않아요.
- 햇빛에 비췄을 때 빛이 일정하게 통과하는 김이 원초가 고르게 퍼져 있는 김이에요.

4. 자꾸 옆구리가 터지고, 김이 눅눅해져요.

김은 물김을 말려서 만들기 때문에 밥이나 수분감 있는 재료를 올리면 바삭함이 사라집니다. 오이나 단무지처럼 수분이 많은 재료가 들어가면 눅눅해지기도 하거니와 김이 터질 수 있어요. 수분이 많은 재료를 넣을 때는 키친타월로 물기를 한 번 제거한 뒤 이용하세요.

5. 밥을 얇고 평평하게 깔고 싶어요.

• 뜨거운 밥을 바로 올리지 않고 5분 정도 식혀서 올려야 김의 바삭함을 유지할 수 있어요.

• 손에 참기름을 살짝 묻혀서 올리면 밥이 김에 달라붙지 않아요.

• 김은 거친 면과 매끈한 면이 있는데 거친 면에 밥을 올려야 잘 붙습니다.

6. 즉석 밥을 이용해도 되나요?

재료 준비는 다 끝났는데 밥이 없다? 이럴 때는 즉석 밥을 이용하면 됩니다. 대체용으로 사용하기 좋아요.

• 숙이네 김밥의 밥 1공기는 즉석 밥 210g짜리를 기준으로 합니다.

• 밥 1공기로 기본 김밥 2줄을 만들면 재료의 맛을 더 잘 느낄 수 있답니다.

7. 김 끝이 잘 붙지 않아요.

• 김에 밥을 깔 때는 끝부분을 1/4 정도 남기고 깔아주세요.

• 김 끝에 밥풀을 눌러 붙이거나 물을 바르면 풀어지지 않고 잘 붙어요.

• 밥이나 재료의 온기가 남아 있을 때 김 끝을 아래로 향하게 하고 살짝 눌러주세요.

8. 칼에 자꾸 밥이 묻어요.

• 칼에 참기름을 발라서 썰면 밥알이 붙지 않고 깔끔하게 잘라집니다.

• 위에서 아래로 힘을 주어 눌러 자르면 김밥이 터질 수 있어요. 톱질하듯 앞에서 뒤로 칼을 움직여가며 살살 잘라주세요.

• 반줄 김밥이나 무스비 김밥을 만들 때는 김에 밥을 먼저 깔고 가위로 2~3등분해서 이용하면 훨씬 편합니다.

9. 스크램블드에그 실패하지 않는 법이 궁금해요.

• 부드러운 스크램블드에그를 원한다면 계란 물을 체에 한 번 내려 만드세요.

• 계란 물을 달궈진 팬에 부으면 가장자리부터 익는데 슥슥 밀어가며 서서히 섞어주세요.

• 강불보다는 중약불에서 익혀주세요. 완전히 익히지 않아야 촉촉합니다.

• 우유나 버터를 넣으면 식감이 더 부드러워집니다.

10. 계란 지단이나 계란말이 예쁘게 만드는 비결이 있을까요?

• 계란 지단은 얇기 때문에 부침개처럼 빨리 뒤집으면 찢어질 수 있어요. 젓가락이나 얇은 뒤집개를 밑으로 끝까지 찔러 넣어 살짝 들어서 뒤집은 뒤에 돌려가며 펼쳐주세요.

• 처음에는 예쁘지 않게 말려도 괜찮아요. 여러 번 돌리면서 모양을 잡아가면 됩니다.

• 계란 물이 반쯤 익었을 때 말아야 예쁘게 잘 말아집니다.

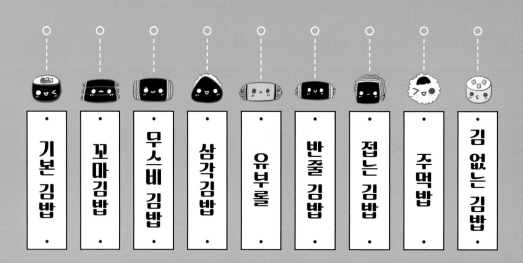

Sook Kitchen
숙이네

1장

01

추억가득엄마김밥

어릴 저 소풍갈 때 엄마가 싸주시던 추억 가득 기본 김밥

아마도 우리 모두의 첫 김밥은 엄마 김밥이 아닐까 싶어요. 저 역시 그렇답니다. 유치원에 다니던 시절, 견학이나 소풍을 갈 때면 엄마는 늘 도시락으로 김밥을 싸주셨어요. 편식이 심했던 저는 늘 엄마에게 제 김밥에는 오이 말고 꼭 시금치를 넣어달라고 부탁하곤 했죠. 어느 날 유치원에서 견학을 갔다가 짝꿍과 함께 도시락을 먹게 되었어요. 그런데 짝꿍이 서로의 김밥을 하나씩 바꿔 먹자고 하는 거예요. 슬쩍 보니 친구 김밥에는 오이가 들었더라고요. 제 김밥을 맛본 친구는 맛있었는지 계속 바꿔먹자 하고, 저는 말도 못한 채 먹기 싫은 오이 김밥을 꾸역꾸역 먹었답니다. 아, 지금은 오이 김밥 좋아한답니다. 그때의 추억을 떠올리며 시금치 대신 오이를 넣어봤어요.

2줄 분량 재료

밥 양념

계란 3개, 햄 2줄, 단무지 2줄, 오이 1개, 맛살 1줄, 당근 1개, 김밥 김 2장, 소금 4꼬집, 참기름, 통깨, 식용유

밥 2공기, 소금 2꼬집, 참기름 2T, 깨

1
단무지는 손으로 한 번 짜서 물기를 빼주고, 오이는 양끝을 자른 뒤 반을 갈라 씨를 뺀 다음 길게 썰어주세요.

2
당근은 채 썰어 기름 둘러 달군 팬에 소금 2꼬집 넣고 볶아주세요.

3
햄은 선을 따라 자른 뒤 팬에 올려 뒤집어가며 구워주고, 맛살은 반 갈라 준비해주세요.

4
계란 3개에 소금 2꼬집 쳐서 약불에 굽다가 반을 접어 익힌 뒤 한 김 식혀 잘라주세요.

5
밥 2공기에 소금 2꼬집, 참기름 2T, 갈은 깨 넣고 비벼주세요.

6
김에 밥 깔고 재료를 한 데 모아 밥 위에 얹은 다음 당근 채 올려 돌돌 말아주면 완성입니다.

숙이네 꿀팁

· 오이를 채 썰어 소금에 절여 넣어도 맛있어요.
· 채 썬 계란 지단을 넣어도 맛있어요.
· 햄 대신 스팸으로 만들어도 맛있어요.

상추지단무스비김밥

달콤 짭조름한 스팸, 노란 계란말이, 아삭한 상추가 조화를 이룬 넓적 김밥

이 김밥은 모든 것을 갖췄어요. 달콤 짭조름하게 조려 더 맛있는 스팸, 보는 것만으로도 기분이 좋아지는 노란 계란말이, 그리고 아삭한 맛을 자랑하는 초록 상추까지. 이 세 가지를 한데 모아 돌돌 말았으니 예쁘지 않을 수 있나요. 저뿐만 아니라 영상을 시청하시는 분들도 같은 마음이셨나 봅니다. 이 김밥으로 유튜브 쇼츠 조회수 198만, 인스타그램 릴스 조회수 410만, 틱톡 조회수 100만을 달성했지 뭐예요. 말 그대로 숙이네키친 초히트작 탄생! 역시 맛 잘 아시는 분들은 이 김밥의 진가를 알아보셨습니다.

재료

스팸 1캔(200g), 상추 5장,
계란 4개, 소금 2꼬집, 김밥 김 2장

스팸 조림 소스

간장 1T, 맛술 1T, 참치액 1T,
참기름 1T, 설탕 1T, 물 3T

밥 양념

밥 2공기, 소금 2꼬집,
참기름 2T, 통깨

1

상추는 깨끗하게 씻어 반으로 자르고,
스팸은 5등분해서 뜨거운 물에 살짝 데
쳐주세요.

2

달군 팬에 스팸을 굽다가 간장 1T, 맛술
1T, 참치액 1T, 참기름 1T, 설탕 1T, 물 3T
로 소스를 만들어 조려주세요.

3

계란 4개에 소금 2꼬집 넣고 섞어 계란
물을 만들어 달군 팬에 약불로 굽다가
반 잘라 한 김 식혀주세요.

4

김은 두 번 접어 길게 3등분해주세요

5

밥 2공기에 소금 2꼬집, 참기름 2T, 통
깨 넣고 비벼주세요

6

김에 밥을 깔고 상추, 스팸, 계란말이 순
서로 올려 세 번 접어주면 완성입니다.

숙이네 꿀팁

• 계란을 지단으로 부쳐 넣어도 맛있어요.
• 상추 대신 깻잎을 넣어도 맛있어요.
• 조림 소스에 고추장을 넣어 스팸을 매콤하게 조려도 맛있어요.

03

매운길쭉이어묵김밥

길게 자른 사각 어묵을 매콤한 양념에 볶아 어묵 모양으로 말은 꼬마김밥

이 김밥을 만든 날 마침 아이 친구네 집에 저녁 식사 초대를 받았어요. 말아놓은 김밥을 가져갔는데 그렇게 좋아하실 줄 몰랐답니다. 사각 어묵을 길게 잘라서 김밥 옆구리가 튀어나오게 마는 게 이 김밥의 특징이에요. 매콤한 양념이 사각 어묵과 찰떡으로 어울리지요. 가벼운 마음으로 들고 갔는데 자꾸 생각난다며 레시피를 물어봐주셔서 정말이지 뿌듯했답니다. 그때 반응이 좋아 다음 모임에도 또 싸갔는데 역시나 금방 동이 날 정도로 인기 만점이었습니다.

재료

사각 어묵 3장, 김밥 김 3장,
참기름, 통깨, 식용유, 물 4T

매운 어묵 양념장

고추장 1T, 고춧가루 1T, 간장 2T,
맛술 2T, 올리고당 2T,
다진 마늘 1/2T, 후추

밥 양념

밥 2공기, 소금 2꼬집,
참기름 2T, 깨

1

사각 어묵은 길게 4등분해주세요.

2

고추장 1T, 고춧가루 1T, 간장 2T, 맛술
2T, 올리고당 2T, 다진 마늘 1/2T, 후추
를 잘 섞어 소스를 만들어주세요.

3

팬에 어묵을 넣은 뒤 물 4T를 넣어 끓이
듯 볶다가 양념장에 버무려 볶아주세요.

4

밥 2공기에 참기름 2T, 소금 2꼬집, 갈
은 깨 넣고 비벼주세요.

5

4등분한 김 위에 밥을 깔고 어묵 한 개
올려 두 번 접어주세요.

6

양 옆으로 어묵이 튀어나오게 포인트를
잘 살려주면 완성입니다.

숙이네 꿀팁

• 고추장, 고춧가루를 빼고 간장 양념으로 만들어도 맛있어요.
• 어묵을 잘게 썰어 만들어도 맛있어요
• 기본 김밥 모양으로 만들어도 맛있어요.

04

바싹분홍소시지김밥

바싹하게 튀긴 분홍소시지와 대파 스크램블드에그가 어우러진 추억의 김밥

분홍소시지는 말 그대로 추억의 반찬이죠. 고기 맛보다는 밀가루 맛에 가까운 그 맛이 왜 좋은 건지, 왜 주기적으로 생각이 나는 건지 모를 일이지만 동그랗게 썰어 계란 물 묻혀 프라이팬에 구운 일명 '분쏘'는 앞으로도 우리 식탁에 자주 오를 것 같네요. 저는 감자 껍질 깎는 필러로 소시지를 얇게 슬라이스 해서 바삭하게 튀겨 김밥에 넣었어요. 요즘 분홍소시지는 어육 함량 비율이 높다고 하는데 그래서일까요. 바삭한 것이 마치 베이컨과 비슷한 느낌이 나더라고요. 추천하는데, 맥주 안주로 딱입니다. 이걸 김밥에 넣었더니 역시나 아이와 남편 모두 열렬하게 호응해 주었습니다. 이거 2000원의 행복 맞죠?

2줄 분량 　재료

밥 양념

분홍소시지 반 개(300g), 계란 3개,
대파 30g, 김밥 김 2장, 단무지 2줄,
식용유, 후추, 소금 2꼬집

밥 2공기, 소금 2꼬집,
참기름 2T, 깨

1

분홍소시지는 필러로 얇게 썰어주세요.

2

기름 넉넉히 둘러 달군 팬에 소시지를
넣어 바싹하게 튀겨 소금 2꼬집과 후추
를 뿌려주세요.

3

기름 둘러 달군 팬에 다진 대파를 넣어
볶다가 계란 3개를 넣어 스크램블해주
세요.

4

밥 2공기에 소금 2꼬집, 참기름 2T, 갈은
깨 넣고 비벼주세요.

5

김에 밥을 깐 다음 소시지, 단무지, 스
크램블드에그 순서로 올려 돌돌 말아
주세요.

숙이네 꿀팁

• 분홍소시지 대신 대패삼겹살이나 스팸을 구워 넣어도 맛있습니다.
• 분홍소시지를 튀길 때 고춧가루를 뿌리면 매콤하게 먹을 수 있어요.

05

단짠스팸꼬마김밥

스틱 스팸을 바삭하게 구워 간장에 조려 짭조름하게 즐기는 꼬마김밥

보통 스팸을 김밥에 넣을 때는 스팸의 부드러운 식감을 살리기 위해 넓적하게 자르거나 두껍게 썰어 이용하지요. 그런데 어느 날 갑자기 스팸도 감자나 고구마처럼 얇게 썰어 튀기면 바삭한 식감을 즐길 수 있지 않을까 하는 생각이 들더라고요. 바로 실행에 옮겼죠. 스팸을 스틱 모양으로 잘라 간장 소스를 만들어 달콤 짭짤하게 조려 김밥에 넣으니 자꾸 먹고 싶은 중독성 강한 요리가 되었지 뭐예요. 간이 좀 쎈 만큼 김밥에 넣으니 딱이었어요. 잘 만든 스팸 조림 하나가 열 반찬 부럽지 않은 김밥 재료가 된 거죠. 좀 느끼하다 싶을 때는 깻잎이나 단무지를 추가해 먹으면 상큼하게 즐길 수 있답니다.

12개 분량 · 재료

스팸 1캔(200g), 김밥 김 3장,
식용유

조림 소스

간장 1T, 맛술 1T, 물 1T, 설탕 1T

밥 양념

밥 2공기, 소금 2꼬집, 참기름 2T, 깨

1
스팸을 캔에서 꺼내 얇은 스틱 모양으
로 썰어주세요.

2
달궈진 팬에 스팸 올려 중불로 바삭하
게 구워주세요.

3
스팸을 한쪽으로 밀어놓은 뒤 간장 1T,
맛술 1T, 물 1T, 설탕 1T로 소스를 만들어
스팸과 함께 조려주세요.

4
밥 2공기에 소금 2꼬집, 참기름 2T, 갈
은 깨 넣고 비벼주세요.

5
김은 가로 세로로 한 번씩 접어 4등분해
주세요.

6
김에 밥을 깔고 스팸 스틱 3개씩 올려
돌돌 말아주세요.

숙이네 꿀팁

• 짠맛과 기름기 제거를 위해 스팸을 뜨거운 물에 데쳐 사용하셔도 좋아요.
• 조림 소스에 고추장을 넣으면 매콤하게 드실 수 있어요.
• 스팸을 구울 때 식용유는 생략하셔도 좋아요.

06

채소토스트김밥

양배추, 당근, 대파를 볶아 계란에 구워 만든 채소토스트를 메인으로 넣은 별미

'김밥에 토스트 재료를 넣으면 어떨까?'라는 생각에서 나온 메뉴입니다. 길거리에서 많이 사먹었던 채소 토스트의 속재료를 구워 만들었지요. 길거리 토스트는 채소에 계란을 섞어 익히지만 저는 채소를 익히다 계란을 넣는 방식을 택했습니다. 그런데 이렇게 양배추를 먼저 익혀 그 위에 계란을 올려 바르는 방법이 일본에서 많이 쓰이고 있더라고요. 만드는 과정도 간편했는데 몸에 좋은 당근과 양배추를 넣었으니 만족스러울 수밖에요. 집 앞 놀이터에 갖고 나갔더니 아이들이 삼삼오오 모여들어 폭풍 흡입해 주었습니다. 지금까지 먹어본 김밥 중에 제일 맛있다는 말에 뿌듯했어요.

4개 분량 　재료

당근 50g, 양배추 50g, 대파 30g,
계란 4개, 단무지 2줄, 김밥 김 2장,
소금 2꼬집, 식용유

밥 양념

밥 2공기, 소금 2꼬집,
참기름 2T, 통깨

1
당근은 채 썰고, 양배추는 필러로 잘게
썰어주세요.

2
기름 둘러 달군 사각 팬에 당근 채 넣고
소금 2꼬집 뿌려 볶다가 팬에 고르게 펼
쳐주세요.

3
볶은 채소 절반을 팬에 깔고 다진 대파
를 추가한 뒤 계란 2개를 까서 노른자
터트려 채소 위에 펴주세요.

4
단단히 익으면 뒤집개로 가운데에 금을
그어 잘라주고 뒤집어서 반대쪽도 익혀
주세요. 두 번에 걸쳐 4장의 지단을 만
듭니다.

5
밥 2공기에 소금 2꼬집, 참기름 2T, 갈
은 깨 넣고 골고루 김에 편 다음 가위로
2등분해주세요.

6
밥을 깐 김에 지단의 당근이 아래쪽으
로 가게 놓은 다음 반으로 자른 단무지
올려 돌돌 말아주세요.

숙이네 꿀팁

• 반줄 김밥이지만 김을 자르지 않고 크게 한 줄로 말아 먹어도 좋아요.
• 케첩, 마요네즈 등 좋아하는 소스에 찍어 먹어도 맛있어요.

07
쪽파스팸계란말이밥

깍둑 스팸 볶음밥과 쪽파 풍미 가득한 계란말이가 조화를 이룬 매력 김밥

김밥 속 스팸의 인기가 그칠 날이 올까요? 그 인기를 증명하듯 숙이네가 스팸을 넣은 레시피를 공개하는 날이면 많은 분들이 격렬한 반응을 보내주십니다. 그야말로 치트키인 셈이죠. 치트키라는 수식에 걸맞게 스팸을 넣은 이 레시피가 유튜브 롱폼 영상에서 최고 조회수를 기록했어요. 지금도 꾸준히 많은 분들이 봐주고 계시고요. 스팸이 들어간 게 인기에 한몫했음은 당연하고, 계란에 쪽파를 더해 풍미를 살리고 밥을 계란말이로 만들어 예쁜 색감을 뽑아낸 것도 인기의 이유가 아니었나 싶습니다. 숙이네키친 롱폼 최고 조회수를 찍은 레시피를 소개합니다.

재료

스팸 5조각, 쪽파 30g, 계란 4개,
밥 2공기, 식용유, 통깨,
참치액 1T, 후추

스팸 조림 소스

간장 1T, 맛술 1T, 올리고당 1T

1
스팸을 잘라 뜨거운 물에 데쳐 깍둑썰
기해주세요.

2
기름 두른 팬에 스팸을 넣어 달달 볶다
가 간장 1T, 맛술 1T, 올리고당 1T 넣고
조려주세요.

3
계란 4개에 참치액 1T, 후추를 뿌려 풀어
준 다음 다진 쪽파 넣고 잘 섞어주세요.

4
밥 2공기에 조린 스팸 넣고 통깨 뿌려
비벼주세요.

5
김발 위에 랩을 깐 뒤 밥을 놓은 다음 랩
양끝을 접고 꾹꾹 뭉치면서 돌돌 말아
주세요.

6
기름 둘러 달군 팬에 계란 물을 부어 약
불로 굽다가 밥을 올려 돌돌 말아 한 김
식혀 잘라주면 완성입니다.

숙이네 꿀팁

• 쪽파가 없다면 대파를 다져 넣어도 좋아요.
• 밥을 김에 말아 김밥으로 만든 다음 계란말이로 만들어도 좋아요.

·무스비 김밥·

08

프라이장조림김밥

계란프라이를 간장 양념에 조려 넓적하게 말은 초간단 김밥

배가 고파 냉장고를 열면 언제나 숙이네를 반겨주는 재료가 있어요. 바로 계란이죠. 튀겨도 맛있고 삶아도 맛있고 구워도 맛있으니 자주 먹을 수밖에요. 그중 가장 흔하게 먹는 방법은 계란프라이일 거예요. 케첩에 찍어서도 먹고 덮밥에 얹어서도 먹고 비빔밥에 올려서도 먹으니 쓰임이 정말이지 대단합니다. 간장 소스나 매콤 소스에 조리는 건 또 어떻고요. 이렇게 조금만 손을 보면 훌륭한 요리가 되니 한 끼 음식으로 최고지요. 소스에 조린 계란프라이의 맛을 알게 된 숙이네는 가만있을 수 없었습니다. 바로 실행에 옮겼죠. 역시나 김밥으로 말아도 훌륭하더라고요. 부담 없이 자주 해먹을 수 있는 가성비 최고의 요리라 자신합니다.

재료

계란 5개, 김밥 김 2장,
청양고추 1개(선택), 식용유

간장 소스

간장 2T, 설탕 1T, 맛술 1T, 물 1T

밥 양념

밥 2공기, 소금 2꼬집,
참기름 2T, 깨

1
기름 넉넉히 두른 팬에 계란 5개를 깨서
뒤집어가며 튀기듯 구워주세요.

2
간장 2T, 설탕 1T, 맛술 1T, 물 1T를 섞어
간장 소스를 만들어주세요.

3
계란프라이에 간장 소스를 붓고 다진
청양고추 넣어 조려주세요.

4
밥 2공기에 소금 2꼬집, 참기름 2T, 갈은
깨 넣고 비벼주세요

5
김에 밥을 깐 다음 가위로 3등분해주
세요.

6
김 위에 계란프라이 얹어 넓적하게 세
번 접어주면 완성입니다.

숙이네 꿀팁

• 계란은 반숙 또는 완숙으로 취향에 맞게 선택하세요.
• 고춧가루나 고추장을 추가하면 매콤하게 즐길 수 있어요.
• 케첩이나 굴소스에 조려도 맛있어요.

· 꼬마 김밥 ·

09

베이컨에그브런치 김밥

구운 베이컨에 계란, 그리고 치즈까지 브런치 메뉴를 김밥으로 만든 요리

베이컨과 계란은 브런치에 빠져서는 안 되는 재료죠. 특히 브런치 메뉴 중에는 빵이 많은데 빵을 먹으면 속이 더부룩하고 소화가 안 되는 분들도 많습니다. 저도 빵을 정말 좋아하는 '빵순이'지만 소화가 안 돼서 자주 먹지는 못하고 있답니다. 저와 같은 분들을 위해 브런치를 든든하게 밥으로 즐길 수 있는 메뉴를 만들었어요. 이 김밥 영상을 보고 빵 대신 밥으로 만들어 소화가 더 잘될 것 같다고 해주신 분이 계신데, 제 마음을 알아주신 것 같아 뿌듯했답니다. 브런치 맛집이 생각나지 않는 아침 대용 김밥 만들어 볼게요.

재료

베이컨 8줄(85g), 계란 4개, 대파 30g, 소금 2꼬집, 김밥 김 2장, 슬라이스 치즈 2장, 식용유, 참기름, 통깨

밥 양념

밥 2공기, 소금 2꼬집, 참기름 2T, 깨

1 계란 4개에 다진 대파, 소금 2꼬집 넣고 섞어주세요.

2 기름 둘러 달군 팬에 베이컨을 줄 맞춰 넣고 굽다가 계란 물을 부어 약불로 서서히 익혀 뒤집개로 베이컨 사이사이에 금을 그어주세요.

3 베이컨 위에 4등분한 슬라이스 치즈를 한 장씩 올린 다음 양옆을 접어 눌러가 며 구워주세요.

4 밥 2공기에 소금 2꼬집, 참기름 2T, 갈은 깨 넣고 비벼주세요.

5 김에 밥을 넓게 깐 다음 가위로 길게 4등 분해주세요.

6 그 위에 베이컨에그를 놓고 세 번 접어서 김 끝에 물을 발라 붙이면 완성입니다.

숙이네 꿀팁

• 베이컨 대신 슬라이스 햄이나 소시지를 넣어도 맛있어요.
• 슬라이스 치즈가 아닌 모차렐라 치즈를 이용해도 됩니다.
• 당근이나 양파를 다져 계란 물에 넣어도 맛있어요.

유부롤

⑩ 햄상추돌돌유부롤

유부롤에 상추, 슬라이스 햄, 치즈, 주먹밥을 돌돌 말아 김 띠를 둘러 만든 유부초밥

이 유부롤을 만들기 전엔 비주얼이 이렇게까지 예쁘게 나올 줄 전혀 예상하지 못했어요. 예쁜 게 영상에 표현이 잘 되어서 많은 분들이 시청해주셨고, 덕분에 히트작 중 하나가 되었지요. 상추를 깻잎처럼 넣는 게 신선해서 유부롤에도 넣어본 건데 상추 모양이 레이스같이 만들어져서 아름다운 유부롤이 탄생하게 되었어요. 요즘 케이터링이나 홈 파티 음식, 생일 도시락을 많이 만드는 추세인데 이 메뉴는 금상첨화죠. 캐릭터 김밥과 달리 손이 많이 가지 않고 만드는 방법도 비교적 간단한데 비주얼은 최고라 파티를 살려주는 역할을 톡톡히 하게 될 거예요.

재료

초밥용 유부 1봉지, 상추 4장,
슬라이스 햄 5장, 치즈 4장,
김밥 김 1장

밥 양념

밥 2공기, 초밥 양념,
유부 국물 2T

1

상추는 깨끗하게 씻어 반으로 잘라주
세요.

2

유부는 체에 부어 손으로 국물을 짠 뒤
반으로 잘라주세요. 국물은 버리지 마
세요.

3

밥 2공기에 초밥 양념(유부에 함께 들어
있는 것)과 유부 국물 2T 넣고 골고루
비벼주세요.

4

김은 길게 세 번 접어 8등분하여 김 띠
를 만들어주세요.

5

초밥을 꾹꾹 쥐어 주먹밥을 만들어주
세요.

6

김 띠 위에 유부를 마름모 모양으로 놓
고 상추, 슬라이스 햄, 치즈, 밥 순서로
올려 돌돌 말아 김 띠로 붙여주면 완성
입니다.

숙이네 꿀팁

• 롤유부초밥용으로 나온 넓은 유부를 사용하면 편리합니다.
• 밥에 참기름을 넣으면 더 고소하게 먹을 수 있어요.
• 밥을 비빌 때 유부 국물을 넣어주면 감칠맛이 살아나요.

⑪

양참지단김밥

양배추, 참치, 계란으로 지단을 부쳐 단무지와 함께 돌돌 말은 김밥

한때 양배추참치덮밥이 다이어트 식사로 알려지면서 크게 유행했죠. 많은 사람들이 따라서 만들어 먹는 모습을 보며 남편이 우리도 먹어보자며 강력하게 제안했고, 제가 김밥으로 만들었습니다. 결론부터 말하면 생각했던 것보다 훨씬 맛있었어요. 원래 양배추참치덮밥은 계란을 약불에 익혀 부들부들하게 비벼 먹는 게 포인트인데 저는 지단 형태로 바꾸어 만들었어요. 이렇게 하니 구운 맛이 더 잘 느껴지더라고요. 놀이터에 가지고 나가 아이들에게 나눠주니 아이들 입맛에도 잘 맞았는지 인기 폭발이었답니다. 아이와 남편의 주문으로 사흘 내내 이 김밥만 먹었는데 질리지 않고 쭉 맛있었어요.

4개 분량 재료

양배추 100g, 참치 1캔(135g), 계란 4개,
대파 30g, 단무지 2줄, 김밥 김 2장,
쯔유 1T, 후추, 식용유, 참기름, 통깨

밥 양념

밥 1공기, 소금 1꼬집,
참기름 1T, 깨

1
양배추는 채 썰어 씻어주고, 참치는 기름을 빼서 준비해주세요.

2
기름 둘러 달군 팬에 양배추를 볶다가 참치 넣고 쯔유 1T와 후추를 뿌려 볶아주세요.

3
볶은 채소 절반을 팬에 깔고 다진 대파를 추가한 뒤 계란 2개를 까서 노른자 터트려 중약불에 익혀주세요.

4
지단에 뒤집개로 금을 그어 2등분한 뒤 뒤집어서 반대쪽도 익혀주세요. 두 번에 걸쳐 4개의 지단을 만듭니다.

5
밥 1공기에 소금 1꼬집, 참기름 1T, 갈은 깨 넣고 비벼주세요.

6
김에 밥을 깔고 2등분한 뒤 양참 지단과 반으로 자른 단무지 얹어 돌돌 말아주세요.

숙이네 꿀팁

• 계란을 풀어서 재료를 넣고 구워도 맛있어요.
• 쯔유 대신 간장을 넣어도 좋고 소금으로만 간해도 맛있어요.
• 덮밥으로 먹어도 맛있어요.

⑫

간단삼색무스비김밥

노란 계란말이와 분홍 스팸으로 색감을 살린 뒤 김 띠를 둘러 만든 무스비 김밥

초밥에 김 띠를 둘러 만든 음식을 무스비라고 해요. 하와이로 건너간 일본인들이 생선 대신 스팸을 올려 만든 주먹밥이지요. 스팸 캔을 활용해 밥과 스팸을 같은 크기로 만들어 스팸을 올리면 모양도 예쁘고 맛도 좋은 무스비가 됩니다. 여기에 같은 크기의 계란말이를 만들어 얹으면 노란색과 분홍색이 조화를 이룬 하와이안 삼색 무스비가 탄생합니다. 스팸 사이즈에 맞추다 보니 생각보다 큰데 두 손으로 잡고 깨물어 먹으면 그 또한 하나의 재미랍니다. 만들기도 쉽고 들고 먹기도 편해서 도시락 메뉴로 딱 좋지요. .

재료

스팸 1캔(200g), 계란 5개,
김밥 김 1장, 소금 3꼬집, 식용유

밥 양념

밥 2공기, 소금 2꼬집,
참기름 2T, 깨

1 스팸은 4등분한 뒤 뜨거운 물에 데쳐 노릇하게 구워주세요.

2 계란 5개에 소금 3꼬집 넣고 풀어 약불로 서서히 익혀 돌돌 말아 계란말이를 만들어주세요.

3 익은 계란말이는 한 김 식혀 반으로 잘라주세요.

4 밥 2공기에 소금 2꼬집, 참기름 2T, 갈은 깨 넣고 비벼주세요.

5 스팸 통에 랩을 깐 다음 밥 4스푼 크게 넣어 꾹꾹 눌러 모양을 잡아주세요.

6 길게 4등분한 김 띠 위에 밥, 스팸, 계란 순서로 올려 돌돌 말아주면 완성입니다.

숙이네 꿀팁

• 스팸을 간장 소스나 고추장 소스에 조려도 맛있어요.
• 밥에 고추장 양념을 해도 맛있어요.

· 기본 김밥 ·

⑬

대패삼겹쌈김밥

대패삼겹살과 상추, 된장에 무친 오이고추를 넣은 쌈맛 김밥

어느 날 돼지갈비를 먹으러 식당에 갔는데 반찬으로 나온 오이고추 된장 무침이 그렇게 맛있는 거예요. 된장 무침이 갈비의 느끼한 맛을 싹 잡아줘서 그런지 고기가 끝도 없이 들어가더라고요. 그 맛을 잊지 못해 집으로 돌아와 바로 실행에 옮겼죠. 된장 무침을 김밥에 넣어 한 번에 먹을 수 있는 쌈맛 김밥으로 만들면 맛있겠다는 생각으로 대패삼겹살을 듬뿍 구워 넣었어요. 김밥에 삼겹살을 넣으니 도시락으로도 쌀 수 있어 좋더라고요. 칼칼한 맛을 좋아하는 분들은 청양고추를 이용하면 더 화끈하게 즐길 수 있답니다.

재료 (2줄 분량)

대패삼겹살 200g, 상추 8장,
오이고추 5개, 김밥 김 2장,
소금, 후추, 참기름, 통깨, 식용유

된장 무침 양념

된장 1T, 고춧가루 1/2T, 설탕 1T,
참기름 1T, 다진 마늘 1/2T,
물 1T, 통깨

밥 양념

밥 2공기, 소금 2꼬집,
참기름 2T, 통깨

1
상추는 깨끗이 씻어 물기를 제거한 뒤
끝부분을 잘라주세요.

2
오이고추는 꼭지를 따서 끝을 잘라 손
가락 한 마디 크기로 잘라주세요.

3
오이고추에 된장 1T, 고춧가루 1/2T, 설
탕 1T, 참기름 1T, 물 1T, 다진 마늘 1/2T,
통깨 넣고 무쳐주세요.

4
대패삼겹살을 팬에 넣어 중불로 굽다가
소금, 후추 뿌려 간해주세요.

5
밥 2공기에 소금 2꼬집, 참기름 2T, 통
깨 넣고 비벼주세요.

6
김에 밥을 깐 다음 양쪽에 상추를 놓고
대패삼겹살과 된장 무침 올려 돌돌 말
아주세요.

숙이네 꿀팁

• 마늘을 편으로 썰어 넣어도 맛있어요.
• 대패삼겹살 대신 삼겹살을 구워 넣어도 맛있어요.
• 된장 양념은 넉넉히 만들어 고추 속까지 넣어주세요.

14

통오이크래미꼬마김밥

오독오독 씹히는 오이, 크래미 샐러드와 촛물밥의 상큼함이 조화를 이룬 꼬마김밥

고백하건대, 어릴 적의 저는 편식이 심했습니다. 맞아요. 지금은 상큼한 오이가 들어간 김밥의 맛을 즐기고 있지만 어릴 때의 저는 오이 넣은 김밥은 먹지 않았답니다. 하지만 지금도 모든 요리에 들어간 오이를 좋아하는 건 아니에요. 무침이나 국수에 들어간 걸 좀 더 선호하는 편이죠. 그런데 다른 재료와 조화를 이루게 하니 오이가 통으로 들어간 요리도 꽤 괜찮더라고요. 아삭한 식감과 상큼한 맛이 생각나 가끔은 일부러 찾아 먹을 정도로요. 이 김밥은 오이의 매력을 최대한 살린 요리입니다. 식초와 설탕, 소금으로 만든 단촛물에 비빈 밥이 주는 상큼한 매력을 느껴보세요.

재료 (12개 분량)

오이 1개, 크래미 2개,
김밥 김 3장, 밥 2공기, 깨

크래미 샐러드 소스

마요네즈 2T, 고추냉이 1/3T,
올리고당 1T, 소금 2꼬집, 후추

단촛물 (밥 2공기 분량)

식초 4T, 설탕 2T, 소금 4꼬집

1
오이는 양끝을 자른 뒤 껍질을 듬성듬
성 벗겨 반을 갈라 속을 파고 가운데를
잘라 길게 3~4등분해주세요.

2
크래미는 결대로 찢어서 마요네즈 2T,
고추냉이 1/3T, 올리고당 1T, 소금 2꼬
집, 후추 뿌려 비벼주세요.

3
식초 4T, 설탕 2T, 소금 4꼬집을 섞어 전
자레인지에 10초씩 두 번 돌려 단촛물
을 만들어주세요.

4
밥 2공기에 단촛물을 붓고 갈은 깨 넣어
잘 비벼주세요.

5
가로 세로로 한 번씩 접어 4등분한 김
위에 밥을 깔아주세요.

6
그 위에 오이와 크래미 샐러드 올려 돌
돌 말아주면 완성입니다.

숙이네 꿀팁

• 오이를 채 썰어 식초, 설탕, 소금에 절여 넣어도 맛있어요.
• 오이 속을 팔 때 집게 끝부분이나 티스푼을 사용하면 훨씬 편해요.
• 단촛물에 비빈 밥이 아닌 참기름, 소금, 깨로 양념한 밥으로 만들어도 좋아요.
• 고추냉이는 취향껏 가감하세요.
• 시판용 단촛물을 구매해서 쓰셔도 좋아요.

⑮ 에그스팸옷깃삼각김밥

김에 밥과 에그스팸을 주먹밥처럼 올리고 김을 옷깃 모양으로 여며 만든 삼각김밥

이번에는 삼각김밥에 대한 고정관념을 깬 홈메이드 삼각김밥을 소개합니다. 우리가 알고 있는 삼각김밥은 세모 모양으로 뭉친 주먹밥에 김을 붙여서 만들죠. 하지만 지금 소개하는 김밥은 달라요. 대각선으로 자른 김을 역삼각형으로 놓고 그 안에 밥이랑 재료를 올려 김 양쪽 끝을 옷깃처럼 여며 만들 거예요. 완성된 모습이 정말 예뻐서 눈과 입 모두 만족스럽죠. 양쪽 끝에 햄이나 치즈, 오이가 살짝 튀어나오게 만들면 색감과 모양이 더 예쁘답니다. 게다가 어떤 재료를 넣느냐에 따라 다양한 맛을 즐길 수 있어 더 재밌어요. 만들 때마다 아이가 "엄마 최고!"를 외치니 행복하지 않을 수 있나요.

재료

스팸 1캔(200g), 계란 2개, 소금 2꼬집,
슬라이스 햄 2장, 치즈 2장,
김밥 김 2장, 식용유

에그스팸 소스

간장 1T, 마요네즈 2T, 올리고당 1T

밥 양념

밥 2공기, 소금 2꼬집,
참기름 2T, 깨

1

스팸을 캔에서 꺼내 비닐 팩에 넣고 주물
러 으깬 뒤 달군 팬에 올려 볶아주세요.

2

계란 2개에 소금 2꼬집 넣어 풀어준 뒤 팬
에 부어 스크램블드에그로 만들어주세요.

3

그릇에 스팸과 스크램블드에그를 넣고
간장 1T, 마요네즈 2T, 올리고당 1T 넣어
섞어주세요.

4

치즈와 슬라이스 햄, 김밥 김은 모두 세모
모양으로 자르고, 밥 2공기에 소금 2꼬집,
참기름 2T, 갈은 깨 넣고 비벼 밥도 준비
해주세요.

5

김을 역삼각형으로 놓고 양끝에 치즈,
슬라이스 햄 얹고 가운데에 밥, 에그스
팸, 밥 순서로 올려주세요.

6

김을 밑에서 위로, 옆에서 아래쪽 대각
선으로 감싸 옷깃 모양으로 만들면 완
성입니다.

숙이네 꿀팁

• 속재료를 바꿔서 만들면 다양한 맛을 즐길 수 있어요.
• 치즈와 슬라이스 햄은 꼭 넣지 않아도 됩니다.

45

16
묵은지스팸김밥

묵은지 무침과 넓적하게 구운 스팸을 넣어 말은 기본 김밥

제가 초밥 집에 가서 맛있게 먹는 초밥 중 하나가 묵은지를 얹은 광어초밥이에요. 새콤한 묵은지를 물에 씻어 올리고당과 참기름을 넣어 달달하고 고소하게 무친 것을 입에 넣는 순간 기분이 확 살아나거든요. 그 맛이 가끔 생각나 냉장고에 있는 묵은지를 무쳐 김밥에 넣어 먹곤 하는데 제가 만들었어도 정말 맛있습니다. 광어도 맛있지만 저는 스팸을 넣어봤어요. 광어는 광어대로, 스팸은 스팸대로 그 맛이 탁월했습니다. 새콤달콤하면서도 고소한 묵은지가 스팸의 느끼함을 잡아줘서인지 계속 먹게 되더라고요. 가끔 특별한 음식을 먹고 싶은 날, 묵은지를 꺼내 김밥을 말아보세요.

2줄 분량　재료

묵은지 300g, 스팸 1캔(200g), 김밥 김 2장, 식용유

묵은지 무침 양념

올리고당 1T, 참기름 1T, 통깨

밥 양념

밥 2공기, 소금 2꼬집, 참기름 2T, 통깨

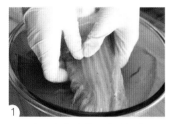

1 묵은지를 꺼내 양념을 털어낸 다음 물에 씻어 물기를 꽉 짜주세요.

2 묵은지에 올리고당 1T, 참기름 1T, 통깨 뿌려 조물조물 무쳐주세요.

3 스팸은 꺼내서 4등분하고 뜨거운 물에 데쳐 달궈진 팬에 노릇하게 구워주세요.

4 밥 2공기에 소금 2꼬집, 참기름 2T, 통깨 뿌려 골고루 비벼주세요.

5 김에 밥을 2/3 정도 깔고 스팸 2개를 나란히 놓은 다음 묵은지 얹어 돌돌 말아주세요.

숙이네 꿀팁

• 짠맛과 기름기 제거를 위해 스팸을 뜨거운 물에 데쳐 사용하셔도 좋아요.
• 단무지, 당근, 계란 지단, 오이 등을 추가해도 좋아요.

17

고등어주먹밥

맛있게 구운 고등어를 잘게 부수어 스크램블드에그와 섞어 한 입 크기로 만든 주먹밥

'고등어도 참치처럼 김밥 재료로 사용할 수 있지 않을까?'라는 발상에서 나온 요리예요. 고등어를 좋아하는 딸아이를 위한 아침 메뉴이기도 했죠. 사실 이 주먹밥 맛의 비법은 소스에 있는데요. 텐동을 처음 먹어본 남편이 소스에 반해 그 소스를 꼭 만들어내겠다고 다짐하고는 여러 방법을 시도한 끝에 만들어낸 결과랍니다. 여기에 가시 없는 고등어를 넣으니 생선구이보다 덜 번거로웠죠. 아이를 생각하는 마음이 통했는지 딸아이 친구 엄마도 영상을 보고 만들어주셨다고 해요. 평소 고등어를 잘 안 먹던 아이가 큰 주먹밥 두 덩이를 다 먹었다며, 소스가 포인트인 것 같다고 해주셔서 뿌듯했어요.

재료

고등어 1팩, 계란 2개, 대파 30g,
밥 2공기, 식용유

주먹밥 소스

물 2T, 쯔유 1T, 간장 1T,
맛술 1T, 설탕 1/2T

1
팬에 다진 대파를 넣고 기름을 둘러 볶
다가 계란 2개로 스크램블드에그를 만
들어 대파와 섞어주세요.

2
그릇에 물 2T, 쯔유 1T, 간장 1T, 맛술 1T,
설탕 1/2T를 넣고 섞어 전자레인지에
30초 돌려주세요.

3
고등어는 해동하여 물기를 제거한 뒤
기름을 넉넉히 둘러 달군 팬에 껍질부
터 올려 바싹 구워주세요.

4
밥 2공기에 대파 스크램블과 고등어를
넣고 소스를 부어주세요.

5
포크로 고등어살을 부셔서 골고루 섞이
도록 잘 비버주세요

6
한 입 크기로 동글동글 뭉쳐 주먹밥으
로 만들면 완성입니다.

숙이네 꿀팁

· 고등어 덮밥으로 먹어도 맛있어요.
· 와사비 간장을 찍어 먹어도 맛있어요.
· 재료 그대로 김밥으로 말아 먹어도 맛있어요.

·접는 김밥·

18

원팬토스트 김밥

원팬 토스트처럼 팬에 모든 재료를 한 번에 구워 즐기는 간단 김밥

숙이네가 유튜브를 처음 시작했을 때 선택했던 요리가 바로 원팬 토스트였어요. 그만큼 추억이 깃든 레시피인데 김밥을 만들다 보니 토스트 재료와 김밥이 잘 어울리는 거예요. 그걸 보니 김밥도 얼마든 원팬으로 가능하겠다 싶었죠. 만들어보니 요리 과정도 쉽고 맛도 좋았어요. 그야말로 대발견! 김밥 토스트의 시대가 열린 거죠. 토스트처럼 재료만 조금씩 바꿔주면 얼마든 만들 수도 있고요. 이러니 제가 어떻게 김밥을 사랑하지 않을 수 있나요.

4개 분량 재료

밥 양념

계란 4개, 대파 30g,
슬라이스 햄 4장, 김밥 김 2장,
쯔유 2T, 후추, 식용유

밥 2공기, 소금 2꼬집,
참기름 2T, 깨

1 계란 4개에 다진 대파를 넣은 뒤 쯔유 2T, 후추 뿌려 풀어주세요.

2 밥 2공기에 소금 2꼬집, 참기름 2T, 갈은 깨 넣고 비벼 김에 깐 다음 가위로 2등분 해주세요.

3 기름 둘러 달군 팬에 계란 물을 부어 얇게 펼쳐주세요.

4 계란 물이 완전히 익기 전에 김에 밥을 깔아놓은 것을 올려 뒤집은 다음 밥 크기에 맞춰 접어주세요.

5 밥을 옆으로 살짝 밀어놓은 뒤 같은 팬에 슬라이스 햄을 구워주세요.

6 계란 위에 슬라이스 햄 올려 반으로 접으면 완성입니다.

숙이네 꿀팁

• 랩에 감싸서 자르면 수월합니다.
• 같은 재료로 동그란 김밥을 만들어도 맛있어요.
• 케첩, 스리라차 마요, 핫소스 등 좋아하는 소스를 뿌려 드세요.
• 쯔유가 없다면 소금으로 간을 맞춰주세요.

19

땡초스팸다섞어김밥

잘게 다진 땡초와 으깬 스팸을 비벼 만든 매콤 칼칼한 김밥

이 김밥은 땡초와 스팸의 조합 중에 가장 유명한 레시피입니다. 맛으로 환상의 짝을 이루는 땡초와 스팸의 조합인 만큼 많은 분들께 사랑받았지요. 그만큼 모두가 인정하는 맛 보장 김밥입니다. 맛도 최고인데 땡초와 스팸을 다지고 으깨서 밥에 슥슥 비벼 그대로 김밥으로 마는 거라 요리 과정도 정말 쉽고 간단해요. 게다가 기본 김밥, 꼬마김밥, 꽁다리 김밥, 납작 김밥, 삼각김밥 등 다 만들 수 있으니 만능이지요. 매력이 철철 넘치는 땡초스팸다섞어김밥, 함께 만들어볼까요?

2줄 분량 재료

스팸 1캔(200g), 청양고추 3개,
밥 2공기, 김밥 김 2장,
슬라이스 치즈 2장(선택)

땡초 스팸 소스

간장 1T, 올리고당 1T,
맛술 1T(생략 가능)

1 스팸을 캔에서 꺼내 비닐 팩에 넣고 조물조물 주물러 으깨주세요.

2 청양고추는 꼭지를 따서 칼로 두 번 갈라 잘게 다져주세요.

3 달궈진 팬에 스팸을 먼저 볶다가 다진 고추를 넣고 더 볶다가 간장 1T, 올리고당 1T, 맛술 1T 넣어 조리듯 볶아주세요.

4 밥 2공기에 볶아놓은 땡초 스팸 넣고 골고루 비벼주세요.

5 김에 밥을 넉넉히 깔아 돌돌 말아주세요.

6 치즈를 추가하여 땡초스팸치즈김밥으로 만들어 먹어도 맛있어요.

숙이네 꿀팁

· 짠맛과 기름기 제거를 위해 스팸을 뜨거운 물에 데쳐 사용하셔도 좋아요.
· 스팸을 볶거나 구울 때는 기름을 두르지 않아도 됩니다.
· 땡초 대신 잘 익은 김치를 넣어도 맛있어요.
· 김밥 김 대신 조미김에 싸서 먹어도 맛있어요.

· 반줄 김밥 ·

통어묵떡볶이김밥

떡볶이 국물 소스에 사각 어묵을 통으로 넣어 전자레인지로 조리해 만든 간단 김밥

김밥의 단짝을 꼽으라면 역시나 떡볶이죠. 한국인이라면 누구나 떡볶이 국물에 김밥을 찍어 먹은 추억을 가지고 있을 텐데요. 이 요리는 '김밥과 떡볶이를 하나로 합치면 어떨까?'라는 남편의 아이디어에서 나왔어요. 그래서인지 이 김밥을 만들 때 남편이 아주 적극적이었답니다. 저 역시 어떤 맛일지 너무 궁금했는데, 맛을 보니 우리가 익히 아는 그 맛이라서 신기했어요. 프라이팬에 조려서 만들 수도 있는데 저는 더 간단한 방법을 알려드리기 위해 전자레인지로 조리했어요. 떡볶이와 김밥이 둘 다 먹고 싶을 때 만들어 먹으면 최고입니다.

재료

사각 어묵 4장, 대파 20g,
김밥 김 2장, 단무지 2줄,
참기름, 통깨

떡볶이 국물 소스

고추장 1T, 고춧가루 1T, 간장 1T,
참치액 1T(선택), 설탕 2T,
다진 마늘 1/2T, 물, 후추

밥 양념

밥 2공기, 소금 2꼬집,
참기름 2T, 깨

1 그릇에 고추장 1T, 고춧가루 1T, 간장 1T,
참치액 1T, 설탕 2T, 다진 마늘 1/2T, 물
100ml, 후추를 넣고 잘 섞어 소스를 만
들어주세요. 어슷 썬 대파를 추가해도
좋아요.

2 사각 어묵은 뜨거운 물에 살짝 데쳐주
세요.

3 내열 용기에 소스를 깔고 사각 어묵을
통으로 올린 다음 그 위에 소스를 발라
주세요. 이 과정을 반복하다 남은 소스
는 마지막에 전부 부어주세요.

4 소스가 밴 어묵에 랩을 씌워 전자레인
지에 3분간 돌려주세요. 그 사이 밥 2공
기에 참기름 2T, 소금 2꼬집, 간 깨 넣
고 비벼주세요.

5 김에 밥을 얇게 깐 다음 가위로 2등분한
뒤 밥 위에 어묵을 통으로 올려주세요

6 어묵 위에 반으로 자른 단무지를 얹어
어묵으로 먼저 감싸고 김밥으로 돌돌
말아주면 완성입니다.

숙이네 꿀팁

• 전자레인지 대신 프라이팬에 조리해도 좋아요.
• 양배추나 양파를 떡볶이 국물에 추가해도 맛있어요.
• 어묵으로 단무지를 먼저 말아주고 김으로 말아야 터지지 않아요.
• 남은 소스는 버리지 말고 찍어 드세요.

21

무생채비빔김밥

제철 맛은 달달한 무로 생채를 만들어 밥에 비벼 말아먹는 별미 김밥

가을은 무의 계절, 그만큼 가을무는 영양도 풍부하고 맛도 최고랍니다. 마침 시어머니께서 텃밭에 직접 심어 기른 무를 주시기에 바로 생채를 만들었어요. 크기가 크진 않지만 속이 꽉 차고 수분감도 적당하더라고요. 게다가 그날 저녁에 마침 아이 친구네 식사 자리에 초대를 받은지라 생채 한 통을 챙겨갔는데, 모두 맛있다며 칭찬을 아끼지 않았어요. 무생채에 계란프라이 넣고 비빔밥 만들어 먹으면 꿀맛이잖아요. 그걸 그대로 김밥으로 만들었는데 역시나 맛있었습니다. 맛은 당연하고 소화도 잘되는 무생채의 매력을 느껴보세요.

2줄 분량 | 재료

작은 무 1개(500g), 계란 3개,
대파 50g, 김밥 김 3장, 식용유,
소금 2꼬집, 참기름, 통깨

무생채 양념

고춧가루 5T, 설탕 4T, 식초 3T,
양조간장 2T, 액젓 1T, 소금 1/2T

밥 양념

밥 2공기, 고추장 1T,
참기름 2T, 깨

1
무는 깨끗이 씻어 칼이나 채칼을 이용
해 썰어주세요.

2
무채에 설탕 4T, 소금 1/2T를 넣고 살짝
버무려 고춧가루 5T를 섞어 빨갛게 무
친 뒤 식초 3T, 양조간장 2T, 액젓 1T, 다
진 대파를 넣고 버무려주세요.

3
기름 둘러 달군 팬에 계란 3개를 넣고
소금 2꼬집 뿌려 섞어 스크램블드에그
를 만들어주세요.

4
밥 2공기에 고추장 1T, 참기름 2T, 갈은
깨 넣고 비벼주세요.

5
김 끝에 물을 발라 김 1/2장을 이어붙인
뒤 고추장 비빔밥을 깔고 무생채와 스
크램블드에그 올려 돌돌 말아주세요.

6
참기름 바르고 통깨 뿌려 먹기 좋게 자
르면 완성입니다.

숙이네 꿀팁

• 무생채 양념은 5,4,3,2,1을 기억하세요.
• 액젓은 까나리, 멸치 등 다양하게 사용 가능합니다.
• 천일염 대신 꽃소금을 사용해도 좋아요.
• 무생채는 2시간 뒤에 먹으면 더 맛있어요.

·기본 김밥·

22

간단소시지계란김밥

아이들이 좋아하는 계란, 소시지, 치즈를 넣어 만든 사랑 가득 김밥

저희 남편은 집에서 요리를 참 많이 해줘요. 그런 만큼 남편에게 늘 고마운 마음을 갖고 있지요. 딸아이 끼니도 잘 챙겨주
는지라 아이가 먼저 "아빠 계란밥 해줘."라고 할 때도 많답니다. 이 김밥은 제가 건강에 문제가 생겨 수술을 받느라 집을 비
웠을 때 만든 요리로, 딸 바보 아빠인 남편의 첫 작품이기도 합니다. 간단한 수술이긴 했지만 며칠간 집을 비워야 해서 걱
정이 이만저만 아니었는데요. 그때까지 김밥을 한 번도 말아본 적 없던 남편이 특별 이벤트로 아이에게 김밥을 말아줬지
뭐예요. 서당 개 삼 년이면 풍월을 읊는다는 속담처럼 일 년 넘게 영상을 찍으며 배운 솜씨로 뚝딱 말아버렸다고 합니다.

2줄 분량 | 재료

프랑크 소시지 2개, 계란 4개,
치즈 2장, 소금 3꼬집, 김밥 김 2장,
참기름, 통깨, 식용유

밥 양념

밥 2공기, 소금 2꼬집,
참기름 2T, 깨

1
프랑크 소시지는 반으로 길게 잘라주세요.

2
기름 둘러 달군 팬에 소시지를 올려 앞뒤로 뒤집어가며 노릇하게 구워주세요.

3
계란 2개에 소금 1.5꼬집 뿌려 팬 전체에 노른자를 펼쳐 익히다가 다 익기 전에 반으로 접어주세요. 두 번에 걸쳐 2장의 지단을 만듭니다

4
밥 2공기에 소금 2꼬집, 참기름 2T, 갈은 깨 넣고 비벼주세요.

5
김에 밥을 넓게 깔고 계란을 올린 다음 치즈와 소시지 올려 돌돌 말아주세요.

6
참기름 바르고 통깨 뿌려 먹기 좋게 썰어주면 완성입니다.

숙이네 꿀팁

• 소시지를 물에 데쳐 사용하면 첨가물도 제거되고 식감은 더 탱글탱글해져요.
• 소시지 대신 김밥 햄이나 사각 햄, 스팸 등으로 대체해도 됩니다.

· 무스비 김밥 ·

23
김치볶음무스비김밥

김에 김치볶음밥 깔고 구운 스팸 올려 세 번 접어 만든 무스비 김밥

스팸 넣은 무스비 김밥은 보통 계란을 함께 넣어 만드는데요. 이번에는 계란을 버리고 김치볶음밥을 선택했습니다. 스팸 들어간 김치볶음밥, 우리는 이 맛이 얼마나 황홀한지 잘 알잖아요. 마침 김장 김치가 딱 맛있게 익었기에 설레는 마음으로 볶음밥부터 만들었어요. 아이 친구 아버지 중 한 분이 평소 요리를 즐겨하시는데 미각이 뛰어나서 맛을 정말 잘 보세요. 그분이 직접 담가 나눠주신 김치인데 익으니 정말 맛있더라고요. 맛있는 거에 또 맛있는 거 더하니 말로 표현할 수 없는 맛이었습니다.

재료

스팸 1캔(200g), 김밥 김 2장,
김치 50g, 대파 30g, 밥 2공기

김치볶음밥 양념

설탕 1/2T, 간장 1T,
식용유, 참기름, 깨

1

스팸은 6등분해서 달궈진 팬에 노릇하
게 구워주세요.

2

스팸 구운 팬에 기름을 추가해 다진 대
파를 넣고 볶다가 설탕 1/2T, 간장 1T 넣
고 볶아주세요.

3

김치를 가위로 잘게 썰어 팬에 넣어 대
파와 함께 볶아주세요.

4

볶은 김치에 밥 2공기를 넣고 비벼준 다
음 참기름과 깨를 뿌려주세요.

5

김에 김치볶음밥을 깔고 가위로 3등분
해주세요.

6

김에 스팸 올려 세 번 접어주면 완성입
니다.

숙이네 꿀팁

• 신 김치로 만들어야 맛있어요.
• 스팸을 따로 굽지 않고 김치볶음밥에 잘라 넣어도 맛있어요.
• 매콤한 맛을 원하시면 고춧가루나 다진 청양고추를 추가해주세요.

24

미니미꼬돈김밥

아이들 최고의 반찬인 꼬마돈가스를 구워 김밥에 넣어 말은 꼬마김밥

요즘 아이들은 급식을 먹기 때문에 도시락을 가지고 다닐 필요가 없지요. 하지만 저처럼 1980~90년대에 학창시절을 보낸 분들은 도시락을 들고 학교에 다녔을 거예요. 엄마가 싸주신 많은 반찬 가운데 가장 인기 있던 메뉴 중 하나가 바로 꼬마돈가스였죠. 반찬통에 꼬마돈가스가 들어 있던 날이면 세상 행복했습니다. 저희 남편 기억 속의 꼬마돈가스는 정말 특별했다고 해요. 어느 날 친구가 싸온 꼬마돈가스 하나를 먹었는데 너무나 바삭하고 맛있었대요. 저음 먹어본 맛이라 꼬마돈가스를 바삭하게 튀긴다는 걸 그때 처음 알았다고 하네요. 김밥 역시 도시락으로 자주 싸는 음식이라 김밥과 꼬마돈가스를 합쳐봤어요. 바삭한 식감의 돈가스와 김밥이 만나 먹는 재미를 더해줍니다.

재료

꼬마돈가스 12개, 상추 4장,
김밥 김 3장, 식용유,
케첩, 마요네즈, 슬라이스 치즈(선택)

밥 양념

밥 2공기, 소금 2꼬집,
참기름 2T, 깨

1 상추를 툭툭 잘라 깨끗하게 씻어주세요.

2 기름을 넉넉히 부어 달군 팬에 꼬마돈가스를 뒤집어가며 노릇하게 튀겨주세요.

3 밥 2공기에 참기름 2T, 소금 2꼬집, 갈은 깨 넣고 비벼주세요.

4 김밥용 김은 길게 두 번 접어 가위로 4등분해주세요.

5 김에 밥을 얇게 깐 다음 상추 얹고 돈가스 올려 케첩과 마요네즈를 뿌린 뒤 돌돌 말아주세요.

6 치즈를 추가하여 미니미꼬돈치즈김밥으로 만들어 먹어도 맛있어요.

숙이네 꿀팁

• 꼬마돈가스를 에어프라이어에 구우면 편리합니다.
• 스리라차 마요나 와사비 마요, 스위트 칠리, 허니 머스터드를 넣어도 맛있어요.

· 접는 김밥 ·

㉕

초간단 납작 김밥전

후리카케에 밥을 비벼 납작하게 펴서 계란 물을 발라 구운 초간단 김밥전

바쁜 아침에 해먹는 납작 김밥전에서 과정을 더 줄여 만든 초간단 요리예요. 사실 김밥을 자주 싸먹기 어려운 가장 큰 이유는 준비 과정이 번거롭기 때문이잖아요. 그런데 이 김밥은 그 과정을 확실히 줄여 출근이나 아이들 등원·등교 준비로 바쁜 분들을 도와준답니다. 재료 준비 시간이 오래 걸려 바쁜 아침 시간에는 해먹기 어렵다는 구독자님의 의견을 반영한 김밥이기도 해요. 유부초밥에 들어가는 조미 깨를 보는 순간 아이디어가 떠올랐죠. 그래서 후리카케로 대체했더니 시간이 훨씬 단축되더라고요. 숙이네키친을 향한 애정 어린 의견은 언제나 환영입니다. 구독자님들과 함께 성장하고 있음을 느낀 계기이기도 합니다.

재료

김밥 김 2장, 계란 2개,
소금 2꼬집, 식용유

밥 양념

밥 1공기, 후리카케 1봉,
참기름 2T

1
밥 1공기에 후리카케를 넣고 참기름 2T
를 더해 비벼주세요.

2
김 반쪽에만 밥을 올려 넓게 펴주세요.

3
남은 김 반쪽을 접어 밥과 붙인 다음 6등
분해주세요.

4
계란 2개에 소금 2꼬집을 넣어 풀어준
다음 김밥에 계란을 입혀 주세요.

5
달궈진 팬에 기름을 두르고 납작 김밥
을 올려 약불로 구워주면 완성입니다.

숙이네 꿀팁

• 후리가케를 넣지 않고 밥에 참기름과 소금 양념만 해서 넣어도 맛있어요.
• 크래미, 참치, 단무지, 당근, 대파, 스팸, 햄, 어묵 등 좋아하는 재료를 밥에 마음껏 넣으세요.
• 계란 물을 묻혀 굽는 과정 없이 김에 싸서 그냥 먹어도 맛있어요.

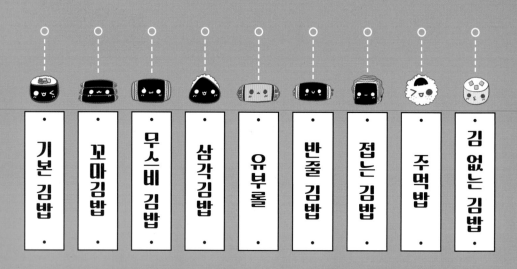

기본 김밥

꼬마김밥

무스비 김밥

삼각김밥

유부롤

반줄 김밥

접는 김밥

주먹밥

김 없는 김밥

2장

 × ×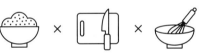

26

어묵말고유부**김밥**

초밥용 유부를 메인 재료로 지단과 당근을 함께 넣어 만든 김밥

이번에는 유부를 싸는 재료가 아닌 메인 재료로 이용한 김밥이에요. 그래서 이름 또한 콕 집어 '어묵 말고 유부'라고 지었지요. 지금껏 유부초밥을 그렇게 먹었으면서도 유부가 메인으로 들어간 김밥을 처음 먹었을 때는 두 번 놀랐어요. 유부를 촛물밥을 담는 그릇이라고만 생각한 지의 편협함에 한 번, 유부를 다른 방식으로 넣을 생각을 하신 분께 또 한 번. 제주도에 가면유부를 잘게 다져 볶은 걸 김밥에 넣어주는 김밥 집이 있죠. 줄을 서서 먹을 만큼 유명한데 자주 갈 수는 없으니 제가 만들어보았습니다. 이미 보장된 맛인 만큼 유부를 넣으니 감칠맛이 대단했어요. 가끔 별미로 만들어보시길 추천합니다.

2줄 분량 재료

밥 양념

유부 1봉, 당근 1개, 깻잎 8장, 계란 3개,
김밥 김 2장, 참기름, 통깨,
참치액 1T(선택), 식용유

밥 2공기, 초밥 양념,
유부 국물 2T

1 깻잎은 꼭지를 떼어내고, 당근은 채 썰어주세요.

2 계란 3개에 참치액 1T 넣고 풀어주세요.

3 유부는 봉지에서 꺼내 국물을 꼭 짜서 준비해주세요.

4 기름 둘러 달군 팬에 계란 물을 부어 약불로 익혀 지단을 만들어 돌돌 말아 채 썰고, 당근도 볶아주세요.

5 밥 2공기에 초밥 양념과 유부 국물 2T를 넣고 비벼주세요.

6 김에 밥을 깐 다음 깻잎 얹고 유부 4장을 겹쳐 올린 뒤 당근과 지단 듬뿍 올려 돌돌 말아주세요.

숙이네 꿀팁

• 햄, 어묵, 우엉, 단무지, 시금치 등 좋아하는 재료를 추가하세요.
• 유부 국물을 밥에 넣어주는 게 포인트랍니다.
• 계란 지단을 썰지 않고 크게 넣어도 좋아요.

27

고등어구이 김밥

고등어구이를 통으로 넣고 단무지로 아삭한 맛을 더한 별미

고등어구이가 들어간 김밥 생각해보신 적 있으세요? 고등어는 구이나 조림으로 먹는 게 일반적이죠. 그런데 고등어구이를 이용한 김밥이 한때 이슈가 되면서 저도 따라해 보았어요. 통 고등어를 바삭하게 구워 반을 잘라 넣었는데 참치김밥 못지않게 맛있더라고요. 생선구이를 좋아하는 딸아이가 징밀 맛있게 먹은 건 낭연하고요. 집에 놀러온 아이의 친한 친구도 무척 맛있게 먹었답니다. 이 이야기를 친구 어머님께 해드렸더니 평소에 요리를 자주 하시는 편이 아니었는데 한동안 아이에게 고등어김밥만 만들어주셨대요. 정말 별미이니 꼭 만들어보세요.

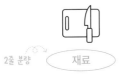

2줄 분량　재료

구운 고등어 1팩, 단무지 2줄,
김밥 김 2장, 참기름, 통깨 , 식용유

밥 양념

밥 2공기, 소금 2꼬집,
참기름 2T, 깨

1
고등어를 기름 두른 팬에 올려 앞뒤로
노릇하게 구워주세요.

2
익은 고등어를 길게 반으로 잘라주세요.

3
밥 2공기에 참기름 2T, 소금 2꼬집, 갈
은 깨 넣고 비벼주세요.

4
김에 밥을 얇게 깐 다음 고등어구이 올
리고 단무지 올려 돌돌 말아주세요.

5
아래로 살살 당기듯 말아주면 모양이
흐트러지지 않습니다.

6
참기름 바르고 통깨 뿌려 먹기 좋게 자
르면 완성입니다.

숙이네 꿀팁

• 구워서 나온 고등어구이를 사용하면 간편해요.
• 단무지 대신 오이지를 넣어도 맛있습니다.
• 고등어 대신 삼치나 연어 등 좋아하는 생선을 이용해 보세요.
• 와사비 간장을 만들어 찍어 먹으면 더 맛있어요.

· 무스비 김밥 ·

28

프라이김치볶음김밥

스팸김치볶음밥을 만들어 김 위에 볶음밥과 계란프라이를 통으로 올려 말은 넓적한 김밥

스팸 넣은 김치볶음밥은 두 말 하면 입이 아플 정도로 모두가 인정하는 별미인데요. 저도 김치볶음밥을 사랑해서 어릴 때부터 정말 많이 해먹었어요. 다른 재료는 없어도 김치는 항상 냉장고에 있었으니 만만했죠. 이렇게도 해보고 저렇게 도 해보며 저만의 노하우를 터득했는데, 이 김밥을 만들면서 제대로 숨은 실력을 발휘했답니다. 저만의 노하우는 김치 를 볶기 전에 잘게 써는 과정에서 고춧가루와 간장, 설탕 등의 양념을 먼저 넣는 것이랍니다. 이렇게 하면 훨씬 맛있어 지더라고요. 여기에 반숙 계란프라이를 얹으면 말 그대로 세상 꿀맛이에요.

스팸 1캔(200g), 김치 50g,
계란 5개, 밥 2공기,
김밥 김 2장, 소금 3꼬집, 식용유

스팸김치볶음밥 양념

고춧가루 1T, 간장 1T,
올리고당 1T(설탕으로 대체 가능),
참기름 1T, 통깨

1 스팸을 캔에서 꺼내 비닐 팩에 넣고 조
물조물 주물러 으깨주세요.

2 가위로 김치를 잘게 썬 다음 고춧가루 1T,
간장 1T, 올리고당 1T 넣어 섞어주세요.

3 기름 두른 팬에 계란을 넣고 깨와 소금
을 뿌려 반숙으로 구워주세요.

4 팬에 으깬 스팸을 넣고 볶다가 김치를
넣고 계속 볶아주세요. 마지막으로 밥을
넣고 잘 섞은 다음 참기름 1T, 통깨 뿌려
주세요.

5 김을 길게 두 번 접어 3등분한 뒤 김치
볶음밥을 그 위에 넓게 퍼주세요.

6 김치볶음밥 위에 계란프라이 얹어 접듯
이 넓적하게 말아주면 완성입니다.

숙이네 꿀팁

• 찐맛과 기름기 제거를 위해 스팸을 뜨거운 물에 데쳐 사용하셔도 좋아요.
• 스팸을 으깨지 않고 잘게 잘라 사용해도 됩니다.
• 김치에 양념을 먼저 넣어줘야 더 맛있어요. 이게 포인트!
• 김치볶음밥에 김가루나 계란프라이를 얹어 그냥 먹어도 맛있어요.

(29)

고기없는불고기김밥

천 원짜리 팽이버섯으로 고기 맛을 대신한 알뜰 김밥

치솟는 물가 때문에 저를 포함한 주부들의 걱정이 날로 쌓여가고 있어요. 마트에 가도 먹고 싶은 걸 선뜻 집기가 망설여
질 정도로요. 그래도 가족의 입맛과 건강을 생각하면 마냥 아낄 수만은 없겠죠. 저와 같은 고민을 하는 분들을 위해 저
렴한 재료로 고급스러운 맛을 낼 수 있는 레시피를 소개합니다. 팽이버섯을 간장 소스에 조려 만든 알뜰 김밥인데요. 맛
과 영양은 살리고 식비는 확 줄여 주부님들의 걱정을 덜었습니다. 버섯에 대파를 추가했더니 소고기 없어도 소불고기
맛이 나는 거 있죠. 덮밥으로도 이용할 수 있어 활용도 만점, 그야말로 천 원의 행복입니다.

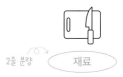

2줄 분량 | 재료

팽이버섯 큰 봉지 1개, 대파 30g
단무지 2줄, 청양고추 1개, 김밥 김 2장,
참기름, 통깨, 다진 마늘 1T, 후추, 식용유

조림 소스

간장 4T, 맛술 2T, 올리고당 2T,
참치액 1T, 물 2T, 후추

밥 양념

밥 2공기, 참기름 2T, 깨

1
팽이버섯은 밑둥을 자른 뒤 물에 가볍게 헹궈주세요.

2
기름 둘러 달군 팬에 다진 마늘 1T, 어슷썬 대파를 넣고 볶다가 팽이버섯을 넣고 숨이 죽을 때까지 볶아주세요.

3
버섯을 한쪽으로 밀어놓고 간장 4T, 맛술 2T, 올리고당 2T, 참치액 1T, 물 2T로 소스를 만들어 버섯과 함께 조리다가 후추와 다진 청양고추를 뿌려주세요.

4
팬에서 버섯을 건져낸 뒤 밥 2공기에 남은 소스, 참기름 2T, 갈은 깨 넣고 비벼주세요.

5
김에 밥을 넓게 깐 다음 조린 버섯, 단무지 얹어 돌돌 말아주세요.

6
참기름 바르고 통깨 뿌려 한 입 크기로 자르면 완성입니다.

숙이네 꿀팁

• 소고기를 함께 볶으면 더 맛있어요.
• 팽이버섯을 볶을 때 양파, 당근 등을 추가해도 맛있어요.
• 덮밥으로 먹어도 맛있어요.

㉚
햄치즈계란말이밥

후리카케 비빔밥으로 간편함을 더하고 계란말이를 김 대용으로 사용한 이색 김밥

계란만큼 만능이라는 수식어가 잘 어울리는 식재료도 없을 거예요. 맛과 영양은 당연하고, 어떤 요리에 넣어도 자연스럽게 잘 어울리니까요. 게다가 아무리 편식이 심한 아이도 계란만큼은 먹잖아요. 예민한 식성을 가진 저희 아이도 계란요리 하나면 밥 한 그릇 뚝딱 비우거든요. 그러니 편식하는 아이를 키우는 엄마에게는 더욱 고마운 재료죠. 이런 만능치트키 계란을 김 대용으로 사용한 요리를 소개할게요. 조리 과정이 좀 더 필요하긴 하지만 팬에서 바로 계란말이로 밥을 말아주면 풀어지지도 않고 마무리도 깔끔하게 된답니다. 밥에 각종 다진 채소를 넣어 만들었는데도 편식은커녕 아이가 웃으면서 먹을 거예요.

재료

계란 4개, 슬라이스 햄 2장,
치즈 2장, 소금 2꼬집, 식용유

밥 양념

밥 2공기, 후리카케 1봉, 식초 1T,
소금 2꼬집, 참기름 2T

1

밥 2공기에 후리카케 1봉, 식초 1T, 참기름 2T, 소금 2꼬집 뿌려 비벼주세요.

2

랩 위에 밥 3T를 크게 떠서 올린 뒤 랩으로 감싸 길쭉하게 만든 다음 끝을 잡고 돌돌 굴려주세요.

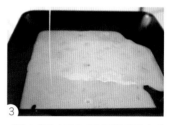

3

계란 4개에 소금 2꼬집 풀어 달궈진 팬에 약불로 익혀주세요.

4

계란 위에 길쭉하게 말아놓은 밥을 올려 자리를 잡아주세요.

5

밥 앞쪽에 슬라이스 햄과 치즈를 놓고 끝에서부터 돌돌 말아 굴려가면서 서서히 익혀주세요.

6

팬에서 꺼낸 계란말이를 한 김 식혀 한 입 크기로 썰어주면 완성입니다.

숙이네 꿀팁

• 치즈는 취향에 따라 빼고 만들어도 됩니다.
• 후리카케 대신 밥에 당근, 양파, 파 등을 다져 넣어도 좋아요.
• 같은 재료로 김밥을 말아도 맛있어요.

• 숙이네 김밥 •

31

땡초스팸꼬마김밥

다진 청양고추를 넣어 비빈 밥과 스팸을 돌돌 말아 만든 매콤 꼬마김밥

스팸은 김밥의 단짝이지만 느끼하다고 생각하는 분도 계실 텐데요. 그런 분들을 위해 준비했습니다. 땅초의 알싸한 맛으로 스팸의 느끼함을 잡은 꼬마김밥이에요. 땅초를 밥에 비비지 않고 따로 넣을 수도 있지만 간장에 조려 밥에 비벼 넣으니 스팸이랑 맛궁합이 훨씬 좋더라고요. 스팸과 땅초 두 가지만 넣었는데 손이 끝도 없이 가는 중독성 강한 이 김밥, 숙이네키친이 자신 있게 추천합니다. 그런데요, 저희 부부는 둘 다 매운 음식에 약한 일명 '맵찔이'라 이 맛있는 김밥을 맘껏 즐길 수 없답니다. 게다가 이름은 꼬마김밥인데 정작 맛은 어른의 맛이니 이 무슨 아이러니인가요?

12개 분량 　재료

스팸 1캔(200g), 청양고추 3개,
김밥 김 3장, 식용유

땡초 조림 소스

간장 1T, 참치액 1T(선택),
맛술 1T, 올리고당 1T,

밥 양념

밥 2공기, 참기름 2T, 통깨

1 스팸은 꺼내서 5등분하고 뜨거운 물에
데쳐 스틱 모양으로 잘라 노릇하게 구
워주세요.

2 청양고추는 다져서 기름 둘러 달군 팬
에 볶다가 간장 1T, 참치액 1T(선택), 맛
술 1T, 올리고당 1T 넣고 조려주세요.

3 밥 2공기에 땡초 조림을 넣고 참기름
2T, 통깨 뿌려 골고루 비벼주세요.

4 김은 가로 세로로 한 번씩 접어 4등분해
주세요.

5 김에 땡초 비빔밥 깔고 스팸 올려 돌돌
말아주면 완성입니다.

숙이네 꿀팁

• 스팸을 으깨서 밥에 넣고 함께 비벼도 좋아요.
• 스팸이 너무 두꺼우면 김밥이 터질 수 있으니 두께를 조절하세요.
• 마요네즈, 스리라차, 데리야키 등 좋아하는 소스에 찍어 드세요.

(32)

고추참치비빔김밥

다른 재료 필요 없이 오직 고추참치를 이용해 만든 초간단 김밥

수많은 김밥 중 단연 베스트이자 스테디인 김밥이 있어요. 맞아요. '참치김밥'이에요. 저도 참치마요를 자주 이용하고 있으니까요. 만들 때마다 역시 참치는 최고의 김밥 재료구나 싶어 집에 항상 구비해놓고 있답니다. 그런데 어느 날, 저희 영상에 "고추참치에 마요네즈를 넣으면 맛있어요. 채소도 들어가고요."라는 댓글이 달린 거예요. 그렇지 않아도 남편이 고추참치를 김밥에 넣어보자고 하던 참인데, 저는 생각해본 적이 없었던지라 망설이고 있었거든요. 학창시절에 도시락 반찬으로 다양한 참치를 가지고 다녀봐서 안다며 자신하는 남편을 반신반의하며 만들었죠. 결과는 남편 말대로였습니다. 맛은 당연하고, 채소가 들어 있어서 채소를 따로 준비할 필요가 없으니 엄청 간편하더라고요.

재료

고추참치 1캔(135g), 단무지 2줄,
치즈 1장(선택), 김밥 김 2장,
참기름, 통깨

밥 양념

밥 2공기, 마요네즈 2T,
소금 2꼬집, 후추

1
고추참치 1캔을 따서 밥 2공기에 부어
주세요.

2
밥에 마요네즈 2T, 소금 2꼬집, 후추를
뿌려 골고루 섞이도록 비벼주세요.

3
김에 밥을 살짝 두껍게 깐 다음 단무지
한 줄 올려 돌돌 말아주세요.

4
치즈를 추가하여 고추참치치즈비빔김
밥으로 만들어 먹어도 맛있어요.

5
참기름 바르고 통깨 뿌려 먹기 좋은 크
기로 잘라주면 완성입니다.

숙이네 꿀팁

• 고추참치 대신 취향에 맞는 다른 참치를 이용해도 좋아요.
• 조미 김에 싸서 먹으면 더 맛있어요.
• 꼬마김밥으로 만들어도 좋아요.

유부롤

33

크래미주먹밥유부롤

크래미로 주먹밥을 만들어 유부롤 위에 깻잎과 슬라이스 햄을 얹어 돌돌 말은 이색 김밥

유부초밥은 보통 유부를 벌려서 그 안에 밥을 넣어 만들죠. 그런데 최근에는 유부를 펼쳐 밥을 넣고 돌돌 말아먹는 롤유부초밥도 인기가 많답니다. 마음에 쏙 들어서 저장해 두었는데 솜씨를 뽐낼 기회가 생겼어요. 딸아이 친구들 가족과 놀러 가게 된 거죠. 주변에 식당이 마땅치 않아 고민하던 중 마침 냉장고에 롤유부초밥이 있기에 후다닥 만들었어요. 그리고 점심 시간이 되어 도시락을 열었는데, 동시에 "이게 뭐예요?" 하며 하나씩 드시는 게 아니겠어요. 순식간에 없어지는 바람에 저와 남편은 맛도 못 봤지만 즐거운 행복으로 남은 날입니다.

재료

유부롤 8개, 단무지 4줄, 크래미 2개,
슬라이스 햄 8장, 깻잎 8장,
조미 김 2장

밥 양념

밥 2공기, 참기름 2T,
유부 국물 3T, 초밥 소스, 검은 깨

1
깻잎은 꼭지를 자르고, 단무지는 반으로
잘라 준비해주세요.

2
크래미는 칼등으로 눌러 잘게 다져주
세요.

3
유부롤은 손으로 꼭 쥐어 국물을 짜주
세요. 유부 국물은 버리지 마세요.

4
밥 2공기에 다진 크래미, 참기름 2T, 유
부 국물 3T, 초밥 소스, 검은 깨 넣고 잘
섞어주세요.

5
조미 김 2장은 4등분해주세요.

6
유부를 펼친 뒤 김, 깻잎, 슬라이스 햄
순서로 놓은 다음 뭉친 밥과 단무지 올
려 돌돌 말아주면 완성입니다.

숙이네 꿀팁

• 크래미를 다지지 않고 통으로 넣어 말아도 좋아요.
• 유부 대신 김으로 말아 먹어도 맛있어요.

34

햄주먹김밥

주먹밥에 슬라이스 햄을 두르고 김 띠로 고정해 만든 귀여운 주먹밥

세상에 이렇게 귀엽고 간단한 김밥이 또 있을까요? 불을 쓰지 않고 냉장고에 있는 재료로 만들어 엄청 간편한데, 조리 시간이 5분도 안 걸리니 말 그대로 뚝딱 김밥이라고 부르고 싶습니다. 김밥 마는 것을 어려워하는 분들도 이건 할 수 있어요. 아이들이 좋아하는 모양이라 도시락으로 싸줘도 인기가 높고요. 아마 엄지를 올리며 "엄마 최고!"를 외칠 걸요. 라면과도 찰떡궁합이라 라면 물 끓기 전에 재빨리 만들어 아이와 함께 먹으면 더 맛있어요. 가성비 최고의 김밥으로 추천합니다.

5개 분량 재료

슬라이스 햄 5장,
슬라이스 치즈 3장, 김밥 김 2장

밥 양념

밥 1.5공기, 후리카케 1봉,
소금 2꼬집, 참기름 2T

1
슬라이스 햄 까서 준비하고, 치즈는 반
으로 잘라주세요.

2
밥 1.5공기에 후리카케 1봉, 소금 2꼬집,
참기름 2T 넣고 비벼주세요.

3
김은 길게 두 번 접어 4등분해주세요.

4
밥을 길쭉하게 조물조물 뭉쳐 주먹밥을
만들어주세요.

5
김에 슬라이스 햄, 치즈, 밥 순서로 올려
돌돌 말아주면 완성입니다.

숙이네 꿀팁

• 슬라이스 햄은 굽지 않아도 괜찮아요.
• 후리가케는 없으면 생략하고 참기름, 깨, 소금만 넣어도 좋아요.
• 밥에 단무지를 다져 넣어도 맛있어요.
• 밥 속에 참치샐러드를 넣어도 맛있어요.

(35)

스팸김밥계란말이

스팸을 김밥에 돌돌 한 번, 계란말이에 한 번 더 말아 만든 이중 김밥

저희 부부는 유튜브와 인스타그램을 통해 많은 분들과 소통하고 있습니다. 레시피 영상을 올리면 두 채널의 조회수가 거의 비슷하게 나오지요. 그런데 이 김밥은 희한하게도 유튜브 조회수는 평소와 비슷했는데, 인스타그램에서는 무려 900만이 넘는 조회수가 나왔어요. 당연히 저희 부부 둘 다 깜짝 놀랐죠. 두 채널의 반응이 다른 이유가 의문이긴 한데, 저희 숙이네키친 SNS가 성장하는 데 지대한 영향을 끼친 만큼 이 김밥을 말 때는 항상 고마운 마음이 든답니다. 겉으로 보기에는 평범한 계란말이인데 잘라보면 스팸 김밥이 숨어 있는 반전 매력을 가진 김밥이에요. 예쁘게 잘 말아진 모습을 많은 분들이 좋아해주신 게 아닌가 추측해봅니다.

재료

스팸 4조각, 계란 6개, 밥 2공기,
김밥 김 2장, 소금 2꼬집, 식용유

밥 양념

밥 2공기, 소금 2꼬집,
참기름 2T, 통깨

1 스팸은 4등분해서 뜨거운 물에 살짝 데
쳐 달군 팬에 노릇하게 구워주세요.

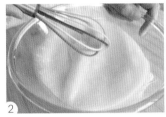

2 계란 6개에 소금 2꼬집 뿌려 풀어주세요.

3 밥 2공기에 소금 2꼬집, 참기름 2T, 통
깨 넣고 비벼주세요.

4 김에 밥을 넓게 깐 다음 스팸 두 조각을
나란히 올려 돌돌 말아 계란 물을 입혀
주세요.

5 기름 둘러 달군 팬에 계란 물 부어 약불
로 익히다가 다 익기 전에 김밥 올려 계
란으로 말아주세요.

6 계란말이를 한 김 식혀 한 입 크기로 썰
어주면 완성입니다.

숙이네 꿀팁

• 스팸을 스틱 모양으로 잘라 김밥을 동그란 모양으로 만들어도 좋습니다.
• 약불로 구우면서 천천히 말아야 모양이 흐트러지지 않아요.
• 조미 김으로 말아도 맛있어요.

36

두부지단키토김밥

두부가 들어간 지단을 밥 대신 넣고 양배추와 당근 채를 더해 만든 저칼로리 키토 김밥

밥 없이 계란과 채소를 듬뿍 넣어 만든 김밥을 키토 김밥이라고 해요. 탄수화물이 들어가지 않아 칼로리가 낮으니 다이어트 할 때 식단으로 하기 좋지요. 사실 여기 들어가는 재료들을 따로 먹으면 맛이 없을 수도 있는데, 재료를 한데 모아 김밥으로 말면 재료의 맛이 서로 어우러져 훨씬 맛있게 먹을 수 있거든요. 맛있게 먹으며 살도 빼는 일석이조의 효과를 톡톡히 보는 거죠. 저는 계란 지단에 두부를 더해 단백질도 추가했어요. 먹을수록 건강해지는 두부지단키토김밥 함께 만들어 보아요.

2줄 분량 재료

양배추 150g, 당근 반 개, 계란 4개,
두부 반 모, 김밥 김 2장, 참기름,
소금 3꼬집, 통깨, 식용유

계란 양념

참치액 1T, 참기름 2T,
소금 3꼬집, 후추

1 양배추는 얇게 채 썰어 물에 씻고, 당근
도 채 썰어 준비해주세요.

2 계란 4개에 참치액 1T, 참기름 2T, 소금
3꼬집, 후추 뿌려 풀어주세요.

3 기름을 두르지 않은 팬에 두부 반 모 올
려 으깨면서 볶아 수분을 날려주세요.

4 기름 둘러 달군 팬에 두부를 펼쳐 넣은
다음 계란 물을 부어 약불로 익혀 한 김
식혀주세요.

5 당근 채에 소금 3꼬집 뿌려 볶아주세요.

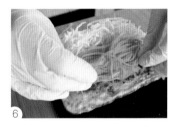

6 김 끝에 물을 발라 김 2장을 이어붙인
뒤 두부지단을 놓고 양배추 채, 당근 채
듬뿍 올려 돌돌 말아주세요.

숙이네 꿀팁

• 스리라차, 겨자 간장 소스, 오리엔탈 소스에 찍어 먹어도 맛있어요.
• 두부는 빼고 만들어도 됩니다.
• 양배추는 기름에 살짝 볶아 넣어도 좋아요.
• 두부를 뒤집을 때 넓은 접시를 이용하면 수월해요.

③⑦

묵은지참치마요롤

묵은지를 달콤하게 무쳐 김 대신 두르고 참치마요를 넣어 말은 김 없는 김밥

한창 입맛이 없던 시기에 입맛을 찾아줄 음식을 먹고 싶었어요. 여름에 입맛 없을 때 새콤한 냉면이나 비빔국수 조물조물 무쳐 먹으면 그렇게 맛있잖아요. 그런 생각으로 겨울철에 새콤하게 먹을 수 있는 레시피를 고민하고 있는데 김장 김치에 밀려 냉장고 한 구석을 차지하고 있는 묵은지가 보이지 않겠어요. 초밥집에서 먹은 묵은지광어초밥을 떠올리니 침이 고여서 바로 묵은지를 꺼냈지요. 새콤달콤 고소하게 무친 묵은지를 올려 먹는 맛을 생각하며 김밥으로 만들었어요. 김밥 속에 넣어 먹어도 맛있겠지만 김치를 김 대신 이용하면 더 맛있겠다는 생각과 함께 참치마요 후다닥 만들어 함께 말았더니 이게 또 별미더라고요. 입맛 없다는 말이 무색하게 한동안 이것만 먹었답니다.

2줄 분량 | 재료

참치 1캔(135g), 묵은지 반 포기,
깻잎 4장, 설탕 1T, 참기름 1T

참치마요 소스

청양고추 1개, 마요네즈 2T,
올리고당 1T,
소금 2꼬집, 후추

밥 양념

밥 2공기, 참기름 2T, 깨

1
묵은지는 양념을 털어낸 뒤 물에 씻어
물기를 꼭 짜주세요.

2
묵은지에 설탕 1T, 참기름 1T 넣고 조물
조물 무쳐주세요.

3
참치는 기름을 빼서 다진 청양고추, 마
요네즈 2T, 올리고당 1T, 소금 2꼬집, 후
추 넣고 비벼주세요.

4
밥 2공기에 참기름 2T, 갈은 깨 넣고 비
벼주세요.

5
김치를 펼쳐 끝부분이 조금씩 겹치도록
3~4장 정도를 놓아주세요.

6
김치 위에 밥 깔고 깻잎 2장씩 겹쳐서
놓은 뒤 참치마요 듬뿍 얹어 돌돌 말아
주세요.

숙이네 꿀팁

• 묵은지 위에 김을 1/2장 깔아도 좋아요.
• 참치마요 대신 어묵 볶음이나 스팸, 대패삼겹살을 구워 넣어도 맛있어요.
• 김치를 김 대신 이용한 김밥이라 끝부분이 붙지 않을 수 있으니
  끝부분을 아래로 놓고 썰어주세요

·삼각 김밥·

·········· 38 ··········

참치마요옷깃삼각김밥

삼각김밥계의 베스트셀러 참치마요를 김에 올려 옷깃 모양으로 접어 만든 홈메이드 삼각김밥

에그스팸에 이은 두 번째 옷깃 모양 삼각김밥입니다. 사실 옷깃 모양으로 만든 첫 삼각김밥이 바로 이 참치마요 버전이었어요. 아이가 삼각김밥은 참치마요만 먹는지라 가장 먼저 만들었죠. 이걸 만들어주니 바로 별 5개를 날리며 며칠에 걸쳐 맛있다고 해주어 참으로 기뻤답니다. 그날 이후 앞으로 삼각김밥은 무조건 집에서 만들어줘야겠다 다짐했지요. 사먹는 것보다 예쁘기도 하고 아이 입맛에 맞출 수도 있잖아요. 무엇보다 아이가 좋아하는 재료를 선택할 수 있고 첨가물 걱정도 덜 수 있다는 점에서 좋아요.

재료

참치 1캔(135g), 슬라이스 햄 2장,
김밥 김 2장

참치마요 소스

마요네즈 2T, 올리고당 1T,
소금 2꼬집, 후추

밥 양념

밥 2공기, 소금 2꼬집,
참기름 2T, 깨

1 참치는 체에 부어 기름을 뺀 뒤 그릇에
옮겨 마요네즈 2T, 올리고당 1T, 소금 2꼬
집, 후추 넣고 섞어주세요.

2 밥 2공기에 소금 2꼬집, 참기름 2T, 갈
은 깨 넣고 비벼주세요.

3 슬라이스 햄은 대각선으로 잘라 세모
모양으로 만들어주세요.

4 김도 세모 모양으로 잘라주세요.

5 김을 역삼각형 모양으로 놓고 끝선에
맞춰 햄을 올린 뒤 가운데에 밥, 참치,
밥 순서로 놓아주세요.

6 김을 밑에서 위로, 옆에서 아래쪽 대각
선으로 감싸 옷깃 모양으로 만들어주면
완성입니다.

숙이네 꿀팁

• 햄 대신 치즈나 오이를 얇게 슬라이스 해서 둘러도 좋아요.
• 참치 대신 크래미로 샐러드를 만들어 넣어도 맛있어요.
• 밥에 단무지, 오이, 땡초 등을 다져 넣어도 맛있어요.

· 반줄 김밥 ·

(39)

꼬치전돌돌 김밥

명절에 만든 꼬치전을 메인으로 넣은 알록달록한 색감의 이색 김밥

명절이 가까워지면 생각나는 음식이 있어요. 맞아요. 바로 전이랍니다. 숙이네키친에서도 명절 전에는 항상 꼬치전 만드는 방법을 소개했어요. 그때마다 빠지지 않고 달리는 댓글이 있었는데 "김밥 재료로 전을 만들었네요."였습니다. 그러고 보니 단무지, 햄, 맛살, 계란 모두 김밥 재료네요. 순간 이 재료들을 한 번에 넣은 요리(전)가 있으니 이거 하나만 넣어도 김밥이 되겠구나 싶더라고요. 그래서 명절 전에는 꼬치전 영상을 올리고, 명절이 지난 뒤에는 꼬치전을 이용한 김밥 영상을 올렸지요. 그런데 이미 많은 분들이 명절에 만든 전을 소진하는 방법으로 많이 만들어 드시고 계시더라고요. 역시 대한민국 주부들은 최고입니다.

재료

김밥 김 3장, 식용유, 꼬치전 6개,
참기름, 통깨

꼬치전 재료

맛살 2줄, 단무지 2줄, 햄 2줄,
쪽파 50g, 전분 2T, 물 4T,
계란 5개, 소금 3꼬집

밥 양념

밥 2공기, 소금 2꼬집,
참기름 2T, 깨

1

맛살을 3등분한 뒤 맛살 길이에 맞춰
햄, 단무지, 쪽파를 잘라주세요.

2

김은 1/3만큼 잘라낸 뒤 접어서 띠 모양
으로 만들어주세요.

3

맛살, 단무지, 쪽파, 햄 순서로 집어 김
띠 위에 놓고 둘러주세요.

4

전분 2T, 물 4T를 섞어 계란 5개, 소금
3꼬집과 섞은 뒤 기름 두른 에그팬에
계란 물, 꼬치 순서로 올려 구워주세요.
(이 상태로 먹으면 꼬치전이 됩니다.)

5

밥 2공기에 소금 2꼬집, 참기름 2T, 갈
은 깨 넣고 비벼주세요.

6

길게 3등분한 김 위에 밥을 깔고 꼬치전
올려 돌돌 말아 참기름 바르고 깨를 뿌
려주면 완성입니다.

숙이네 꿀팁

• 깻잎, 어묵, 상추 등 좋아하는 재료를 추가하면 더 맛있어요.
• 꼬치가 끼워진 꼬치전은 반드시 꼬치를 빼고 이용하세요.
• 쪽파 대신 부추, 버섯, 대파, 우엉 등으로 대체할 수 있어요.
• 단무지는 물에 씻어 물기를 제거한 뒤에 사용하세요.

④⓪
두툼스팸김밥

밥 위에 두꺼운 계란과 스팸 올린 뒤 반을 접어 샌드위치 모양으로 만든 오픈 김밥

오키나와로 여행을 갔는데 이 김밥이 딱 있는 거예요. 여기서 유명한 김밥인가보다 했지요. 무스비처럼 스팸이랑 계란이 들어가는데 김에 밥을 깔아서 딱 반만 접어 샌드위치처럼 생겼더라고요. 만들기 정말 쉬울 것 같아 여행에서 돌아오자마자 바로 준비해봤어요. 제가 만든 건 기본형이고 스팸 위에 샐러드부터 튀김까지 여러 가지 재료를 추가하면 다양하게 먹을 수 있어요. 김밥을 샌드위치처럼 먹는 방식도 재미있으니 꼭 만들어보세요. 혹시 오키나와에 여행 갈 일이 있으시면 꼭 드셔보시고요.

4개 분량 — 재료

스팸 1캔(200g), 계란 4개,
김밥 김 2장, 마요네즈, 식용유

계란 양념

쯔유 1T, 맛술 1T(선택)

밥 양념

밥 2공기, 소금 2꼬집,
참기름 2T, 깨

1
스팸은 4등분해서 팬에 올려 노릇하게
구워주세요.

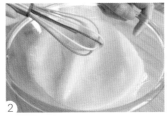

2
계란 4개에 쯔유 1T, 맛술 1T(선택) 넣고
잘 섞어주세요.

3
기름 둘러 달군 사각 팬에 계란 물을 부
어 약불로 굽다가 익기 전에 반을 접어
잘라주세요.

4
밥 2공기에 소금 2꼬집, 참기름 2T, 갈
은 깨 넣고 비벼 김에 두툼하게 깐 다음
2등분해주세요.

5
김 끝에 계란을 놓고 마요네즈를 취향
껏 뿌려주세요.

6
계란 위에 스팸을 올려 아래쪽을 잡아
이불로 덮듯 접어주면 완성입니다.

숙이네 꿀팁

• 계란은 지단으로 구워도 좋습니다.
• 쯔유나 맛술이 없으면 소금으로 간해도 됩니다.
• 새우튀김, 참치샐러드, 오이샐러드 등 좋아하는 재료를 추가하세요.

41

크래미김밥계란말이

크래미 샐러드로 만든 누드김밥을 계란에 돌돌 말아 먹는 계란말이 김밥

입 짧은 아이를 키우는 부모라면 아이에게 맛있는 밥 한 끼, 아니 한 끼라도 제대로 먹이는 게 얼마나 힘든 일인지 잘 아실 거예요. 저희 아이 역시 돌이 지날 무렵부터 밥을 거부하기 시작해 이후 쭉 까다로운 입맛을 유지하고 있답니다. 초등학생이 되면서 예전에 비해 나아지긴 했지만 여전히 좋아하는 것 위주로 먹으니 가끔은 애가 타기도 해요. 그런 만큼 제 고민이 깊을 수밖에 없는데요. 아이의 최애 재료는 계란이에요. 정 해줄 게 없다 싶은 날에는 계란 요리를 해주는데, 웬만하면 다 먹어주어 다행이다 싶어요. 이 레시피는 겉을 계란으로 둘러 만들었는데 눈에 익숙해서인지 하교한 아이가 보자마자 하나를 집어먹고, 이후에도 계속 먹더라고요. 까다로운 아이의 입맛을 만족시킨 레시피 소개합니다.

2줄 분량 　재료

크래미 4개, 계란 4~6개,
김밥 김 2장, 식용유

크래미 샐러드 소스

마요네즈 2T, 고추냉이 1/4T, 후추

밥 양념

밥 2공기, 소금 2꼬집,
참기름 2T, 통깨

1
크래미를 쭉쭉 찢어서 마요네즈 2T, 고
추냉이 1/4T, 후추를 넣고 섞어주세요.

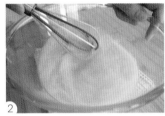

2
계란 4~6개를 깨서 넣고 풀어주세요.

3
밥 2공기에 소금 2꼬집, 참기름 2T, 통
깨 넣고 비벼주세요.

4
김발 위에 랩을 깐 뒤 김을 놓고 밥을 깔
아주세요.

5
김을 뒤집어 김 쪽에 크래미 샐러드를 듬
뿍 올린 다음 랩으로 돌돌 말아주세요.

6
기름 둘러 달군 팬에 계란 물을 부어 약
불로 굽다가 김밥을 올려 돌돌 말아 한
김 식혀 잘라주세요

숙이네 꿀팁

• 크래미 대신 스팸이나 소시지를 이용해도 좋아요.
• 고추냉이는 빼고 만들어도 좋아요.
• 크래미를 통으로 넣어도 맛있어요.
• 오이 씨를 파낼 때는 티스푼이나 집게 꼭지를 이용하세요.

42

오이쏙참치마요김밥

속을 제거한 오이 안에 참치마요를 채워 나머지 반쪽을 뚜껑으로 덮어 만든 통 김밥

오이 속에 다른 재료를 채워 만드는 아이디어가 너무 재미있어서 만들어봤어요. 참치마요를 넣어도 잘 어울리고, 크래미 샐러드를 넣어도 잘 어울리니 각자의 기호에 맞는 속재료를 선택하면 되겠죠. 어떤 재료를 넣느냐에 따라 다른 맛을 즐길 수 있다는 게 이 김밥의 가장 큰 매력입니다. 상큼한 오이와 참치를 함께 넣어 많이 먹어도 속에 부담이 되지 않고, 오이를 메인으로 만들어 속까지 시원해지는 이색 김밥이에요.

1 오이는 깨끗이 손질하여 양끝을 잘라내고 반을 갈라 가운데를 제거해주세요.

2 참치 캔을 따서 기름을 제거한 뒤 마요네즈 2T, 고추냉이 1/4T, 소금 2꼬집, 후추 뿌려 비벼주세요.

3 밥 2공기에 소금 2꼬집, 참기름 2T, 통깨 넣고 비벼주세요.

4 김에 밥을 깔고 오이를 먼저 올려 김 길이에 맞춰 끝부분을 자른 뒤 참치마요를 채워주세요.

5 오이에 참치마요를 채운 다음 나머지 오이로 뚜껑처럼 덮어주세요.

6 오이 하나가 통으로 들어가 두툼하니 꾹꾹 눌러가며 모양을 잡아주세요.

숙이네 꿀팁

• 오이를 채 썰어 소금과 식초에 절여 이용해도 맛있어요.
• 참치에 고춧가루를 살짝 넣어 매콤하게 만들어도 좋아요.
• 오이 씨를 파낼 때 티스푼이나 집게 꼭지를 이용하면 편리합니다.

43

리본꼬마김밥

맛살 끝을 포크로 편 다음 가운데에 김을 말아 리본 모양으로 만든 귀여운 김밥

이 김밥에 대한 아이디어는 맛살을 리본 모양으로 구운 전에서 얻었습니다. 리본맛살전에 대한 반응이 좋은 것을 보며 김밥 재료로 자주 쓰이는 맛살을 그대로 이용하면 되겠다고 생각한 거죠. 그동안은 맛살을 통으로 김밥에 넣거나 쭉쭉 찢어 샐러드로만 이용했는데 이렇게 리본처럼 만드니 먹기 아까울 만큼 귀엽고 깜찍하게 변신했어요. 가족은 물론 손님 초대용으로도 만들기 좋은 김밥이에요.

8개 분량

재료

맛살 4개, 단무지 2줄(선택),
계란 2개, 김밥 김 1장, 식용유,
소금 2꼬집, 참기름, 통깨

밥 양념

밥 1공기, 소금 1꼬집,
참기름 1T, 깨

1
맛살은 가로로 반을 잘라 포크로 양끝
을 잘라주세요.

2
단무지는 길게 반을 갈라 3등분 해주세요.

3
계란 2개에 소금 2꼬집을 넣은 다음 잘
풀어서 맛살에 계란 옷을 입혀주세요.

4
기름 두른 팬에 계란 옷 입힌 맛살 올려
구워주세요.

5
밥 1공기에 소금 1꼬집, 참기름 1T, 갈은
깨 넣고 비벼주세요.

6
8등분한 김에 밥을 깔고 맛살, 단무지
올려 돌돌 말아주면 완성입니다.

숙이네 꿀팁

• 김을 조금 더 길게 자르면 끝이 더 잘 붙어요. 반으로 잘라도 되고요.
• 맛살은 너무 많이 가르면 잘라질 수 있으니 적당히 자르세요.

· 주먹밥 ·

44

깍둑스팸주먹밥

깍둑썰기한 스팸과 밥을 조미 김과 함께 조물조물 뭉쳐 만든 고소한 주먹밥

김밥만큼이나 주먹밥의 재료도 무궁무진하죠. 이런저런 재료를 다져넣은 뒤 손으로 꾹꾹 눌러 만든 주먹밥은 그래서 언제나 인기랍니다. 취향에 맞는 재료는 물론 영양의 균형을 고려한 재료를 선택할 수 있으니까요. 깍둑썰기한 스팸을 넣어 주먹밥으로 뭉친 이번 메뉴도 상상 이상의 맛을 자랑합니다. 스팸이 쉴 새 없이 씹히니 먹는 재미가 쏠쏠해요. 저 포함 스팸 좋아하는 분들의 사랑을 독차지하는 인기 메뉴가 될 것 같은데요. 쉽고 간단해서 온 가족 주말 메뉴로 딱이니 빨리 준비해보세요.

재료

스팸 1캔(340g), 조미 김 2장,
식용유

밥 양념

밥 2공기, 간장 1T,
참기름 2T, 통깨

1
스팸은 뜨거운 물에 데쳐 작게 깍둑썰
기해주세요.

2
스팸을 달궈진 팬에 올려 튀기듯 구워
주세요.

3
비닐 팩에 조미 김 2장을 넣고 부셔서
가루로 만들어주세요.

4
밥 2공기에 스팸 넣고 간장 1T, 참기름
2T, 통깨, 김 가루 뿌려 섞어주세요.

5
한 입 크기로 조물조물 뭉치면 완성입
니다.

숙이네 꿀팁

• 밥에 마요네즈를 추가해도 맛있습니다.
• 조미 김 대신 김가루나 김자반을 이용해도 좋아요.
• 스팸을 구운 뒤 키친타월로 기름기를 닦아내면 더 잘 뭉쳐집니다.
• 청양고추를 추가하면 매콤하게 즐길 수 있어요.

· 기본 김밥 ·

45

대파고추장비빔김밥

파기름을 내서 볶은 고추장 비빔밥에 스트링치즈 넣어 말은 김밥

고백할게요. 전 사실 그냥 밥보다 볶음밥을 더 사랑한답니다. 그래서 김밥 못지않게 볶음밥도 자주 해먹지요. 그런 만큼 볶음밥은 꽤 자신 있는데요. 어느 날 팬에 대파를 볶아 기름을 내서 고추장 비빔밥을 만들어 먹는 장면이 나오지 않겠어요. 침이 꼴깍 넘어가서 참지 못하고 바로 따라해 보았습니다. 고기가 들어가지 않은 게 아쉽다는 생각이 들어 저는 스트링치즈 하나를 추가했어요. 이미 맛있는 볶음밥에 스트링치즈를 살짝 녹여 쭉 늘려 먹으니 더 꿀맛이었습니다.

2줄 분량   재료

밥 양념

대파 30~50g, 스트링치즈 2개,
청양고추 2개(선택), 김밥 김 2장,
소금, 통깨, 식용유

밥 2공기, 고추장 2T, 마요네즈 1T,
간장 1T, 물엿 1T, 참기름 2T

1

대파는 두 번 갈라 어슷하게 썰어주세요.

2

밥 2공기에 고추장 2T, 마요네즈 1T, 간장 1T, 물엿 1T, 참기름 2T 넣고 비벼주세요.

3

기름 둘러 달군 팬에 대파를 볶아 파 기름을 낸 뒤 고추장 비빔밥을 넣고 함께 볶아주세요.

4

볶음밥에 깨를 뿌려 잠깐 식혀주세요.

5

김에 볶음밥을 깐 다음 스트링치즈와 청양고추 얹어 돌돌 말아주세요.

숙이네 꿀팁

• 참치를 밥에 비비거나 김치, 햄, 스팸 등을 다져 밥과 함께 볶아도 맛있어요.
• 대파 대신 쪽파를 이용해도 됩니다.
• 스트링치즈나 모차렐라 치즈를 살짝 녹여 넣으면 더 맛있어요.

46

양배추참치쌈김밥

쌈장에 비빈 참치를 양배추에 넣어 쌈처럼 돌돌 말아 만든 건강 김밥

어릴 적 저희 집 식탁에 자주 올라오던 반찬 가운데 하나가 양배추 찜이었어요. 부모님은 그게 맛있으셨나봐요. 양배추가 나오는 시기면 거짓말 조금 보태서 거의 매일 식탁에 양배추가 자리를 차지하고 있었거든요. 물론 편식이 심했던 저는 채소만 먹어야 하는 게 불만이었죠. 뾰로통한 얼굴로 앉아 있으면 엄마는 참치 한 캔을 쓱 따주셨어요. 참치가 있으면 얘기가 달라지잖아요. 그때는 쌈장을 따로 넣어 먹었는데 나중에 참치를 쌈장에 비비면 맛있다는 사실을 알게 됐어요. 이걸 김밥에 넣어 말았더니 쌈을 한방에 먹게 되어 역시나 좋더라고요. 옛 추억을 생각하며 만들어 보았습니다. 참! 이 김밥은 고기를 구워 함께 먹으면 더 맛있답니다.

2줄 분량 재료

양배추 100g, 깻잎 8장,
참치 1캔(135g), 청양고추 4개,
김밥 김 2장, 참기름, 통깨

쌈장 양념

고추장 1/2T, 된장 1T, 올리고당 1T,
참기름 1/2T, 다진 마늘 1T, 통깨

밥 양념

밥 2공기, 참기름 2T, 깨

1 양배추를 내열용기에 담아 물을 붓고 랩을 씌워 전자레인지에 5분간 돌린 후 찬물을 부어 식혀주세요.

2 깻잎과 청양고추는 꼭지를 따서 준비하고, 참치는 기름을 빼주세요.

3 고추장 1/2T, 된장 1T, 올리고당 1T, 참기름 1/2T, 다진 마늘 1T, 통깨를 섞어 쌈장 양념을 만들어주세요.

4 양념장에 참치를 넣어 함께 버무려주세요.

5 밥 2공기에 참기름 2T, 통깨 넣고 비벼주세요.

6 김에 밥을 넓게 깔고 양배추와 깻잎을 올린 뒤 그 위에 참치쌈장 얹어 돌돌 말아주세요.

숙이네 꿀팁

• 청양고추 대신 풋고추나 오이고추를 넣어도 됩니다.
• 참치 대신 삼겹살을 넣거나 고기를 구워 함께 먹어도 맛있어요.
• 구운 마늘, 구운 양파를 넣어도 맛있어요.

· 무스비 김밥 ·

47

고추장무스비김밥

고추장 양념에 조린 매콤달콤한 스팸에 짭조름한 맛을 더한 중독성 강한 김밥

한국인과 고추장은 떼려야 뗄 수 없죠. 그냥 먹으면 느끼할 수 있는 스팸을 매콤한 고추장 양념에 조려 김밥에 넣으면 중독성 강한 별미가 된답니다. 스팸 모양으로 딱 세 번 접어 만드는 무스비 김밥은 숙이네키친의 단골 메뉴이기도 한데요. 사랑받는 메뉴인만큼 고추장 버전으로 만들어 봤습니다. 매콤한 스팸에 향긋한 깻잎을 더했더니 놀라운 맛이 탄생했어요. 매콤한 양념에 볶은 재료를 김밥에 넣을 때는 깻잎을 추가하는 게 맛있어요. 강력 추천합니다.

재료

스팸 1캔(200g), 김밥 김 2장, 깻잎 5장, 통깨, 식용유

매콤 소스

고추장 1T, 진간장 1T, 물엿 2T, 참기름 1T, 다진 마늘 1/2T, 물 2T

밥 양념

밥 2공기, 소금 2꼬집, 참기름 2T, 깨

1
스팸은 5등분해서 뜨거운 물에 살짝 데쳐주세요.

2
데친 스팸을 팬에 올려 뒤집어가며 노릇하게 구워주세요.

3
고추장 1T, 진간장 1T, 물엿 2T, 참기름 1T, 다진 마늘 1/2T, 물 2T로 소스를 만들어 스팸을 조린 뒤 통깨를 뿌려주세요.

4
밥 2공기에 소금 2꼬집, 참기름 2T, 갈은 깨 넣고 잘 섞어주세요.

5
김에 밥을 얇게 깐 다음 가위로 3등분해주세요.

6
그 위에 깻잎, 매콤 소스 바른 스팸을 순서로 올려 넓적하게 세 번 접어주세요.

숙이네 꿀팁

• 스팸을 뜨거운 물에 데치는 과정은 생략해도 됩니다.
• 고추장 소스 대신 간장 소스를 넣으면 맵지 않게 먹을 수 있어요.
• 양념에 다진 청양고추를 넣어 매콤하게 먹어도 맛있어요.
• 스팸을 스틱으로 썰어도 좋아요.

48

에그마요옷깃삼각김밥

계란을 전자레인지에 익혀 만든 에그마요를 밥 사이에 넣어 완성한 삼각김밥

에그마요 샌드위치는 제가 정말로 좋아하는 한끼 음식 중에 하나입니다. 하지만 계란을 삶아서 다지고 샐러드로 만드는 과정이 번거로워 자주 해먹기 어렵죠. 그런데 계란을 삶지 않고 전자레인지에 넣어 계란찜처럼 만들어 이용하면 훨씬 쉽답니다. 이걸 김밥에 넣으면 아이들도 좋아하지요. 돌돌 마는 김밥이 아닌 삼각김밥으로 만드는 것은 언젠가 참치마요를 삼각김밥으로 만들어줬더니 아이가 잘 먹은 기억이 있어서예요. 하지만 시중에 판매하는 삼각김밥과는 모양이 조금 달라요. 김을 옷깃처럼 여미는 게 포인트죠. 밥과 속재료가 잘 뭉쳐져 예쁘기도 하고 무엇보다 손으로 잡고 먹기 편하답니다.

재료	에그마요 소스	밥 양념
계란 4개, 김밥 김 3장, 치즈 1장	마요네즈 4T, 올리고당 1T, 소금 2꼬집, 후추	밥 2공기, 소금 2꼬집, 참기름 2T, 깨

1
계란 4개를 포크로 풀어 랩을 씌워 구멍을 뚫은 뒤 전자레인지에 4분간 돌려주세요.

2
계란찜에 마요네즈 4T, 올리고당 1T, 소금 2꼬집, 후추를 넣고 계란을 으깨면서 섞어주세요.

3
밥 2공기에 소금 2꼬집, 참기름 2T, 갈은 깨 넣고 비벼주세요.

4
김은 대각선으로 접어 삼각형 모양으로 잘라주세요.

5
김을 역삼각형으로 놓은 다음 양끝에 치즈를 올려 자리를 잡은 뒤 가운데에 밥, 에그마요, 밥 순서대로 올려주세요.

6
김을 밑에서 위로, 옆에서 아래쪽 대각선으로 감싸 옷깃 모양으로 만들어 밥풀로 살짝 붙이면 완성입니다.

숙이네 꿀팁

• 스크램블드에그로 만들어도 맛있어요.
• 소시지, 크래미, 햄, 참치 등을 같이 넣어도 맛있어요.
• 치즈 대신 슬라이스 햄을 옷깃에 추가하면 더 맛있어요.

49

크래미납작 김밥전

다진 크래미와 단무지를 납작한 모양으로 접어 계란 물을 발라 구운 초간단 김밥전

먹고 남은 김밥, 더 먹자니 배부르고 냉장고에 넣어 보관하려니 맛이 떨어져 다시 먹기가 쉽지 않죠. 하지만 방법이 있답니다. 계란 물을 발라 팬에 구워 전으로 만들어먹으면 별미 아닌 별미로 즐길 수 있거든요. 사실 김밥전은 이미 많은 분들이 남은 김밥을 활용하는 방법으로 이용하고 계실 거예요. 이 단순한 요리가 얼마나 맛있는지 김밥전을 먹으려고 일부러 김밥을 마는 분들도 계시고, 정식 메뉴로 김밥전을 파는 식당도 있답니다. 그런데 김밥전 먹으려고 김밥을 마는게 쉬운 일은 아니잖아요. 그래서 준비했습니다. 가능하면 많은 분들이 쉽게 해먹을 수 있게 요리 과정을 확 줄인 납작 김밥전이에요. 요리 시간이 짧아 바쁜 아침에 만들어 먹기 딱 좋답니다.

재료

크래미 2개, 단무지 2줄,
계란 2개, 김밥 김 2장,
소금 2꼬집, 식용유

밥 양념

밥 1공기, 소금 2꼬집,
참기름 2T, 깨

1 크래미는 칼등으로 눌러 잘게 다지고, 단무지는 길게 두 번 갈라 잘게 다져주세요.

2 밥 1공기에 다진 크래미, 단무지, 소금 2꼬집, 참기름 2T, 갈은 깨 넣고 잘 섞어주세요.

3 김 반쪽에 밥을 넓게 깔아준 다음 반으로 접어 잘 붙여주세요.

4 가위로 가운데를 자르고 각각 3등분해서 6조각으로 만들어주세요.

5 계란 2개에 소금 2꼬집 쳐서 계란 물을 만들어 납작 김밥에 계란 옷을 입혀주세요.

6 계란 옷 입은 납작 김밥을 기름 둘러 달군 팬에 노릇하게 구워주면 완성입니다.

숙이네 꿀팁

• 전으로 굽지 않고 납작 김밥으로 먹어도 맛있어요.
• 고추장과 참치를 밥에 함께 비벼서 만들어도 좋아요.
• 치즈를 추가하면 아이들이 더 좋아한답니다.
• 단무지는 물에 한 번 씻어 사용하면 짠맛을 줄일 수 있어요.

⑤⓪
당근라페김밥

새콤달콤한 오일 드레싱에 무친 당근 라페와 부드러운 계란말이가 만난 다이어트 김밥

당근 역시 김밥에서 빼놓을 수 없는 재료죠. 특히 기본 김밥에는 당근이 꼭 들어가야 우리가 아는 그 맛이 나옵니다. 그런데 당근은 취향을 타는 재료라 좋아하지 않는 분들도 많습니다. 저 역시 생 당근을 별로 좋아하지 않는데, 당근 라페는 예외입니다. 마치 샐러드 같아서 맛있더라고요. 당근 라페는 당근을 채 썰어 소금에 절여 오일 드레싱에 무쳐 만들어요. 샐러드에 넣어서도 먹고 반찬으로도 먹는데 샌드위치에 넣어 먹으면 특히 맛있어요. 김밥에도 넣지 못할 이유가 없다고 생각해 과감히 넣어봤는데 아삭하고 새콤한 것이 맛있더라고요. 칼로리도 낮아 다이어트에도 좋고, 건강 채소로 알려진 당근을 듬뿍 먹을 수 있으니 일석이조, 아니 삼조, 사조…….

당근 1개, 소금 1T(당근 절임용),
계란 2개, 소금 2꼬집,
김밥 김 2장, 식용유

올리브유 1T, 알룰로스 1T,
레몬즙 1/2T,
홀그레인 머스터드 1/2T

밥 2공기, 소금 2꼬집,
참기름 2T, 통깨

1
채 썬 당근에 소금 1T를 뿌려 10분간 절인 뒤 손으로 물기를 꽉 짜주세요.

2
당근 채에 올리브유 1T, 알룰로스 1T, 레몬즙 1/2T, 홀그레인 머스터드 1/2T 넣고 버무려주세요.

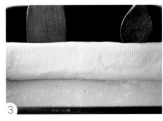
3
계란 2개에 소금 2꼬집을 뿌려 풀어준 다음 기름 둘러 달군 팬에 부어 약불에서 돌돌 말아주세요.

4
계란말이는 한 김 식혀 길게 반으로 갈라주세요.

5
밥 2공기에 소금 2꼬집, 참기름 2T, 통깨 넣고 비벼주세요.

6
김 끝에 물을 발라 한 장을 더 이어 붙인 다음 김에 밥을 깔고 계란말이, 당근 라페 얹어 돌돌 말아주세요.

숙이네 꿀팁

• 당근 라페에 양배추 채를 함께 넣어도 맛있어요.
• 계란 지단을 채 썰어 넣어도 맛있어요.
• 당근을 볶아서 이용해도 됩니다.

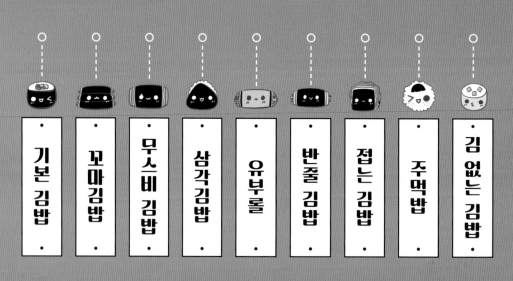

기본 김밥 · 꼬마 김밥 · 무스비 김밥 · 삼각김밥 · 유부롤 · 반줄 김밥 · 접는 김밥 · 주먹밥 · 김 없는 김밥 ·

Sook Kitchen
숙이네

3장

무스비 김밥

(51)

지단돌돌 무스비김밥

지단에 돌돌 말은 스팸의 색감과 모양이 예뻐서 자꾸만 손이 가는 무스비 김밥

제가 생각해도 정말 깔끔하게 잘 만들었다 생각하는 김밥이에요. 노란 지단이 정말 잘 부쳐졌거든요. 사실 이 김밥 영상에는 비하인스 스토리가 있어요. 이 레시피를 준비하던 날, 그날따라 집에 유난히 햇빛이 많이 들어오는 거예요. 눈이 부실 정도로요. 그 탓에 카메라에 빛 번짐이 그대로 들어간 거죠. 남편은 촬영을 망쳤다며 속상해했지만 다시 찍을 시간이 없어 그냥 편집해 올릴 수밖에 없었어요. 그런데 웬걸 저희 부부의 걱정과 달리 마치 1990년대 뮤직비디오처럼 영상에서 뽀얀 느낌이 나는 거예요. 안 그래도 예쁜 김밥이 더 예쁘게 나오니 조회수도 폭발했고요. 망했다고 생각했는데 히트작이 되니 세상일은 모르는 거라는 걸 또 한 번 깨달았답니다.

재료

스팸 1캔(340g), 계란 4개,
김밥 김 2장, 소금 3꼬집, 식용유,
치즈(선택)

밥 양념

밥 2공기, 소금 2꼬집,
참기름 2T, 통깨

1
스팸은 6~8등분해서 뜨거운 물에 데쳐
주세요.

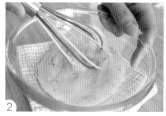

2
계란 4개에 소금 3꼬집 뿌려 섞어주세요.

3
달궈진 팬에 스팸을 올려 노릇하게 구
워주세요.

4
기름 둘러 달군 팬에 계란 물을 붓고 약
불로 익혀 지단을 만들어 한 김 식힌 뒤
반을 잘라주세요.

5
밥 2공기에 소금 2꼬집, 참기름 2T, 통
깨 넣고 비벼주세요.

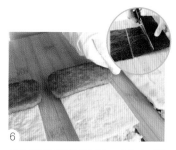

6
3등분한 김 위에 밥을 깔고 지단과 스팸
올려 세 번 접어주면 완성입니다.

숙이네 꿀팁

• 지단은 약불로 서서히 구워야 타지 않고 색깔도 예쁘게 나와요.
• 지단은 김보다 조금 크게, 스팸보다 조금 작게 해야 모양이 예뻐요.
• 마요네즈를 속에 뿌리거나 찍어 먹으면 맛있어요.

52

땡초햄꽁다리꼬마김밥

다진 땡초를 간장에 볶아 매콤함을 살리고 슬라이스 햄으로 모양을 낸 비주얼 김밥

이 김밥은 김밥큐레이터 정다현님이 쓴 《전국김밥일주》 두 번째 권에 대한 리뷰를 의뢰 받고 만들었어요. 전국 김밥 맛집에 대한 정보를 모아놓은 책인데 여기 나온 김밥 중 하나를 골라 도전해 보았지요. 서울 유명 김밥 맛집의 인기 메뉴를 숙이네 식으로 재탄생시킨 거죠. 원래 버전에서 간장에 볶은 땡초를 넣어 매콤함을 더하고, 슬라이스 햄을 마름모 모양으로 놓아 끝이 뾰족한 모양으로 바꿔봤어요. 유명 김밥집 레시피에 제 아이디어를 더해 탄생시킨 만큼 기억에 오래 남았답니다.

재료 9개 분량

슬라이스 햄 9장, 청양고추 3개,
단무지 4줄, 김밥 김 3장,
슬라이스 치즈 2장(선택), 식용유

땡초 간장 소스

간장 1T, 참치액 1T, 맛술 1T,
올리고당 1T

밥 양념

밥 2공기, 참기름 2T, 깨

1
단무지는 반으로 갈라 자르고, 청양고추
는 꼭지 따서 2번 갈라 다져주세요.

2
팬에 기름 둘러 고추를 넣고 볶다가 간
장 1T, 참치액 1T, 맛술 1T, 올리고당 1T
로 양념해주세요.

3
밥 2공기에 간장 땡초를 넣고 참기름
2T, 갈은 깨 넣고 비벼주세요.

4
김은 길게 두 번 접어 3등분해주세요.

5
김에 밥을 3/4 지점까지 깐 다음 슬라이
스 햄을 마름모 모양으로 놓고 단무지
올려 돌돌 말아주세요.

6
치즈를 추가하여 땡초햄치즈꽁다리김
밥으로 만들어 먹어도 맛있어요.

숙이네 꿀팁

• 청양고추 대신 풋고추나 아삭이고추로 만들어도 맛있어요.
• 아이들과 함께 먹을 때는 땡초를 빼고 만드세요.
• 같은 재료를 넣고 큰 김밥으로 만들어도 좋아요.

53

매운시금치김밥

김밥의 오랜 친구 시금치를 매콤하게 무쳐 돌돌 말아 색다르게 즐기는 이색 김밥

김밥 속을 더 예쁘게 만들어주는 재료가 여럿 있지요. 시금치도 그중 하나인데요. 싱그러움 가득한 시금치의 녹색은 단연 최고입니다. 게다가 영양도 가득해 김밥이 아니더라도 쓰임이 매우 크지요. 어렸을 적 편식이 심했던 저도 시금치는 잘 먹었답니다. 그래서 엄마가 김밥을 만들 때면 오이 말고 시금치를 넣어달라며 애교를 부리곤 했죠. 보통 시금치를 김밥에 넣을 때는 담백하고 고소하게 무쳐 넣지요. 그런데 시금치를 고추장으로 양념하면 그 맛이 끝내주거든요. 이번에는 매콤한 시금치 무침을 넣을 거예요. 담백한 시금치 무침이 모두의 맛이라면 매콤한 시금치 무침은 어른의 맛이에요. 역시나 시금치 김밥은 담백해도 매콤해도 우리를 배신하지 않습니다. 이번에도 만족했어요.

2줄 분량

재료

시금치 200g,
사각 어묵 2장,
단무지 2줄, 김밥 김 2장

시금치 무침 양념

고추장 1/2T, 고춧가루 1/2T,
참치액 1/2T, 매실액 1/2T,
다진 마늘 1/2T, 참기름 1T, 통깨

어묵 볶음 소스

간장 1T, 맛술 1T, 참치액 1T,
올리고당 1T, 물 3T,
식용유, 통깨

밥 양념

밥 2공기, 소금 3꼬집,
참기름 2T, 통깨

1
시금치는 꼭지를 따서 깨끗하게 씻어
뜨거운 물을 부어 30초간 데쳐주세요.

2
데친 시금치에 찬물을 부어 식힌 다음
손으로 물기를 꼭 짜주세요.

3
시금치에 고추장 1/2T, 고춧가루 1/2T,
참치액 1/2T, 매실액 1/2T, 다진 마늘 1/2T,
참기름 1T, 통깨를 넣고 무쳐주세요.

4
기름 둘러 달군 팬에 자른 어묵을 볶다
가 물 3T를 넣고 조금 더 볶아 간장 1T,
맛술 1T, 참치액 1T, 올리고당 1T 넣고 조
려 깨를 뿌려주세요.

5
밥 2공기에 소금 3꼬집, 참기름 2T, 통
깨 넣고 비벼주세요.

6
김에 밥을 펴준 다음 어묵 볶음, 단무지,
매콤 시금치 무침 올려 돌돌 말아주세요.

숙이네 꿀팁

• 고추장, 고춧가루를 빼고 맵지 않게 먹어도 맛있어요.
• 시금치가 너무 푹 익지 않도록 30초만 데쳐주세요.

· 꼬마 김밥

· · · 54 · · ·

깻잎크래미꼬마김밥

크래미 샐러드와 깻잎, 단무지를 넣어 말은 귀요미 꼬마김밥

초창기에 만들었던 레시피예요. 그래서 재료와 과정이 특별할 게 없죠. 그런데 이상하게도 이 김밥을 먹을 때마다 "진짜 맛있다."를 연발하게 되는 거예요. 한동안 맛도 모양도 다른 여러 김밥을 만들어 먹으면서도 이게 가장 맛있다고 했을 정도로요. 크래미 샐러드를 김밥으로 말면 느끼하거나 텁텁하지 않을까 싶으시죠? 전혀 그렇지 않습니다. 깔끔한 맛에 감칠맛까지 돌아 진짜 맛있어요. 그러니 숙이네 믿고 꼭 만들어 보세요. 깻잎과도 잘 어울리니 꼭 넣으시길 추천 드립니다.

12개 분량　재료

크래미(또는 맛살) 4개, 단무지 3줄,
깻잎 6장, 김밥 김 3장

크래미 샐러드 소스

마요네즈 1T, 알룰로스 1T, 후추

밥 양념

밥 2공기, 소금 2꼬집,
참기름 2T, 통깨

1 크래미(맛살)는 손으로 찢어 마요네즈 1T, 알룰로스 1T, 후추를 넣고 비벼주세요.

2 깻잎은 꼭지를 뗀 뒤 반으로 자르고, 단무지는 반을 잘라 길게 4등분해주세요.

3 밥 2공기에 소금 2꼬집, 참기름 2T, 통깨 뿌려 비벼주세요.

4 김은 가로 세로로 한 번씩 접어 4등분한 뒤 밥을 살짝 깔아주세요.

5 밥 위에 깻잎을 깔고 크래미 샐러드와 단무지 올려 돌돌 말아주세요.

숙이네 꿀팁

• 크래미 대신 참치나 스팸, 햄 등으로 대체 가능합니다.
• 주먹밥으로 만들어도 맛있어요.
• 밥 대신 계란 지단을 넣으면 키토김밥이 됩니다.
• 알룰로스 대신 설탕이나 올리고당을 넣어도 됩니다.

55

당근스팸계란말이밥

당근과 대파의 풍미가 살아 있는 스팸 계란말이로 밥을 돌돌 말아 만든 한 끼 대용

숙이네키친에서 선보였던 '계란말이밥' 가운데 첫 번째 레시피입니다. 그만큼 저에겐 특별하고 애정도 깊지요. 노란 계란말이 속에 밥을 넣어 돌돌 말면 다른 반찬 없이도 한 끼를 배부르게 즐길 수 있답니다. 아이들은 물론 초등학생 입맛을 가진 어른들도 좋아하는 맛이죠. 당근과 대파를 다져 넣어 풍미까지 좋아 채소는 먹지 않아도 이건 맛있게 먹는답니다. 잘라놓으면 단면이 예뻐 눈으로도 즐길 수 있지요. 경험상 예쁜 게 맛도 좋더라고요. 먹는 사람의 기분을 좋아지게 만드는 특별한 레시피 소개할게요.

재료

스팸 1/2캔(170g), 당근 30g,
대파 30g, 계란 4개,
참치액 1T, 식용유, 후추

밥 양념

밥 2공기, 소금 2꼬집,
참기름 2T, 통깨

1 스팸은 반으로 잘라 뜨거운 물에 데쳐 작게 깍둑썰기해주세요.

2 당근은 채 썰어 잘게 다지고, 대파는 두 번 갈라 잘게 다져주세요.

3 계란 4개에 참치액 1T, 후추를 넣은 다음 스팸, 당근, 대파 넣고 섞어주세요.

4 밥 2공기에 소금 2꼬집, 참기름 2T, 통깨 넣고 비벼 길쭉한 모양으로 뭉쳐주세요.

5 기름 둘러 달군 팬에 계란 물을 부어 약불로 굽다가 밥을 올려주세요.

6 계란으로 밥을 돌돌 말아 속까지 익혀준 뒤 한 김 식혀 한 입 크기로 썰어주면 완성입니다.

숙이네 꿀팁

• 대파 대신 쪽파를 넣어도 됩니다.
• 밥을 김에 한 번 말아서 김밥으로 만들어 넣어도 좋아요.
• 재료를 밥에 넣고 계란에는 아무것도 넣지 않고 만들어도 맛있어요.
• 반드시 약불로 천천히 말아야 밥과 계란이 떨어지지 않고 예쁘게 잘 말아져요.

56

보름달김밥

동그란 계란말이를 김밥에 넣어 보름달 모양으로 만든 귀요미 김밥

초밥 중에 계란말이를 얹은 초밥이 있죠. 계란말이 하나로도 정말 맛있는 음식이 된다는 걸 보여주는 대표적인 예라고 생각합니다. 잘 만든 계란말이 하나가 프라이 열 개 부럽지 않은 거죠. 잘 만든 계란말이 하나를 위해 숙이네도 정성을 다해 계란말이를 만들었습니다. 계란 좋아하는 저희 아이 취향에도 딱인지 맛있다고 해주어 고마웠답니다. 계란만으로 만들어도 맛있고 여러 가지 채소와 햄을 다져 넣고 만들어도 맛있는 계란말이로 보름달을 만들어 볼게요.

1줄 분량 　재료

계란 3개, 김밥 김 2장, 식용유

계란말이 양념

소금 3꼬집, 참치액 1/2T, 맛술 1/2T,
올리고당 1T(생략 가능)

밥 양념

밥 1공기, 소금 1꼬집,
참기름 1/2T, 통깨

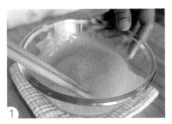

1 계란 3개에 소금 3꼬집, 참치액 1/2T, 맛술 1/2T, 올리고당 1T(생략 가능) 넣고 잘 풀어주세요.

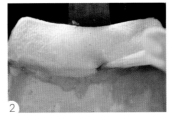

2 기름 둘러 달군 팬에 계란 물을 부어 약불로 천천히 익혀 돌돌 말아주세요.

3 김발 위에 종이호일을 깐 뒤 계란말이 올려 돌돌 말아 고무줄로 고정해주세요.

4 밥 1공기에 소금 1꼬집, 참기름 1/2T, 통깨 뿌려 섞어주세요.

5 김 끝에 밥풀(물)을 묻혀 2장을 이어붙인 뒤 끝에 계란말이를 놓아주세요.

6 김 가운데에 밥을 넓게 깐 뒤 계란말이부터 돌돌 말아주면 완성입니다.

숙이네 꿀팁

• 계란말이에 김을 먼저 한 겹 말아주고 밥 위에 얹어 말면 더 편해요.
• 계란은 지단으로 부쳐서 채 썰어 넣어도 좋아요.
• 마요네즈, 스리라차 소스 등을 추가해도 좋아요.

· 주먹밥 ·

57

에그스팸마요 주먹밥

달콤 짭조름하게 조린 스팸에 스크램블드에그를 더해 밥과 비벼 만든 별미 주먹밥

주먹밥이 이렇게 예뻐도 되는 건가요? 스팸과 계란의 조합으로 이뤄낸 화려한 색감도 만족스러운데 맛까지 좋으니 더 바랄 게 없어요. 아마 이거 드셔보시면 그냥 주먹밥은 못 드실 걸요. 마요네즈를 더했더니 스팸 마요와 비슷한 맛이 나서 더 중독성이 강해요. 게다가 집에서 만든지라 사먹는 스팸마요와는 비교 불가합니다. 재료 넣고 쓱쓱 섞어 동글동글 뭉치기만 하면 되니 아이들 간식으로는 물론 좋은 엄마 되는 건 시간 문제라고요. 사실 어른들도 없어서 먹지 못할 걸요.

재료

스팸 1캔(200g), 계란 2개, 밥 2공기,
조미 김 1봉, 소금 1꼬집, 마요네즈 2T,
후추, 통깨, 식용유

스팸 조림 소스

간장 1T, 맛술 1T, 올리고당 1T

1 스팸을 잘라 뜨거운 물에 데쳐 잘게 썰어주세요.

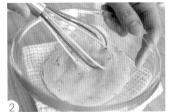

2 계란 2개에 소금 1꼬집, 후추 뿌려 섞어주세요.

3 기름 둘러 달군 팬에 계란 물을 부어 스크램블드에그를 만들어주세요.

4 팬에 스팸을 넣어 볶다가 간장 1T, 맛술 1T, 올리고당 1T 넣고 조려주세요.

5 밥 2공기에 조린 스팸과 스크램블드에그, 통깨, 마요네즈 2T, 조미 김을 부셔 넣고 비벼주세요.

6 밥을 뭉쳐 한 입 크기로 동글동글하게 주먹밥을 만들면 완성입니다.

숙이네 꿀팁

• 삼각형 모양으로 만들거나 모양 틀에 넣어 찍어도 좋아요.
• 마요네즈는 생략해도 됩니다.
• 간장 소스는 밥을 비빌 때 넣어도 좋아요.
• 스팸 덮밥으로 드셔도 맛있어요.

58

홈참치마요삼각김밥

사각 반찬통에 재료를 쌓아 만든 홈메이드 삼각김밥

김밥은 돌돌 말아서 만들어야 한다는 고정관념을 완전히 깨준 신박한 김밥이에요. 집에 있는 네모난 통을 활용해 밥과 재료를 차곡차곡 쌓은 다음 꺼내어 김에 싸먹으면 되니 엄청 간편해요. 특별한 손기술이 없어도 재료를 쌓는 건 누구나 할 수 있잖아요. 즉 누구나 만들 수 있다는 말입니다. 게다가 집에서 만들어 첨가물 걱정도 없으니 더 안심! 오늘 저녁은 아이와 함께 홈참치마요삼각김밥 어떠세요?

재료

참치 1캔(135g), 김밥 김 1장

참치마요 소스

마요네즈 2T, 고추냉이 1/3T, 후추

밥 양념

밥 2공기, 소금 2꼬집,
참기름 2T, 통깨

1

참치 캔을 따서 체에 부은 뒤 꾹꾹 눌러
기름을 빼고 그릇에 옮겨주세요.

2

참치에 마요네즈 2T, 고추냉이 1/3T, 후
추를 넣고 섞어주세요.

3

밥 2공기에 소금 2꼬집, 참기름 2T, 통
깨 넣고 비벼주세요.

4

네모난 통에 랩을 깐 뒤 밥, 참치마요,
밥 순서로 올려 꾹꾹 눌러 모양을 잡아
주세요.

5

통에서 밥을 꺼내 대각선으로 두 번 잘
라 삼각형 모양으로 만들어주세요.

6

정사각형 모양으로 자른 김으로 밥을
감싸주면 삼각김밥 완성입니다.

숙이네 꿀팁

• 같은 재료로 동그란 김밥을 만들어도 맛있어요.
• 밥을 좀 더 작게 잘라 조미 김에 싸먹어도 맛있어요.
• 참치마요 대신 김치 볶음, 스팸, 크래미 샐러드, 에그 샐러드 등을 넣어도 맛있어요.

59
상추스팸스크램블김밥

달콤 짭조름한 스팸과 부드러운 스크램블드에그, 상추가 조화를 이룬 밸런스 김밥

스팸은 쓰임이 매우 다양합니다. 그중 최고는 노릇하게 구워 흰 쌀밥에 올려 먹는 것이 아닐까 싶은데요. 그 외에도 스팸은 부대찌개에 넣어 부들부들하게 즐겨도 맛있고, 간장과 설탕으로 만든 소스에 조려 달콤 짭조름하게 즐겨도 맛있습니다. 그 렇습니다. 스팸으로 만든 요리는 다 맛있습니다. 특히 양념을 더해 조리면 그냥 구워먹을 때와는 또 다른 맛을 즐길 수 있 죠. 이 김밥은 데리야키 스팸으로 무스비를 만드는 걸 보고 아이디어를 얻어 만들었어요. 달콤 짭조름한 맛을 확실하게 즐 기기 위해 스팸을 얇게 썰어 바삭하게 구워 넣었죠. 여기에 스크램블드에그를 넣어 부드러움을 더한 저를 칭찬합니다.

재료	스팸 조림 소스	밥 양념

2줄 분량

재료
스팸 1캔(200g), 계란 3개, 상추 2장, 단무지 2줄, 김밥 김 2장, 식용유, 소금 2꼬집, 참기름, 통깨

스팸 조림 소스
간장 1T, 맛술 1T, 물 1T, 설탕 1T

밥 양념
밥 2공기, 소금 2꼬집, 참기름 2T, 통깨

1 스팸은 6~7등분한 뒤 뜨거운 물에 데쳐 스틱 모양으로 길게 썰어주세요.

2 달궈진 팬에 스팸 스틱을 올려 바싹 구운 뒤 키친타월로 팬의 기름을 한번 제거해주세요.

3 팬에 간장 1T, 맛술 1T, 물 1T, 설탕 1T 넣고 끓여 소스를 만들어 스팸과 함께 버무려 조려주세요.

4 계란 3개에 소금 2꼬집 넣어 만든 계란물을 달궈진 팬에 부어 스크램블드에그를 만들어주세요.

5 밥 2공기에 소금 2꼬집, 참기름 2T, 통깨 넣고 비벼주세요.

6 김에 밥을 깐 다음 상추, 스팸 스틱, 스크램블드에그, 단무지 올려 돌돌 말아주세요.

숙이네 꿀팁

• 스팸을 간장 소스에 조리는 과정은 생략해도 좋아요.
• 계란을 지단이나 계란말이로 만들어 이용해도 됩니다.
• 참치 샐러드나 크래미 샐러드로 대체해도 맛있어요.

60

통오이크래미초밥

오이 속을 파내고 초밥으로 채운 다음 크래미 샐러드를 얹어 통으로 말아 만든 밥 없는 김밥

김이 없어도 충분히 김밥이 만들어지네요. 처음엔 오이가 통으로 들어가서 '이게 얼마나 맛있겠어?' 반신반의하며 만들었는데요. 원래 남편이 오이를 별로 안 좋아해요. 그런데 이거 먹고 오이의 매력에 빠진 거 있죠. 오이와 초밥, 그리고 크래미의 삼합이 끝내줘서 둘이 순식간에 다 먹었어요. 밥 차리는 시간도 기다리지 못하고 거의 다 집어먹었을 정도라니까요. 오이가 많이 나오는 여름에 시원하게 먹으면 입맛을 살려주네요. 이건 진짜 숙이네가 강력하게 추천합니다.

재료

밥 1공기, 오이 2개, 크래미 3개

크래미 샐러드 소스

마요네즈 2T, 고추냉이 1/3T, 올리고당 1T, 소금 2꼬집, 후추

단촛물

식초 2T, 설탕 1T, 소금 2꼬집

1 오이는 필러로 껍질을 듬성듬성 깎은 다음 반을 갈라 씨를 제거해주세요.

2 크래미는 잘게 찢어 마요네즈 2T, 고추냉이 1/3T, 올리고당 1T, 소금 2꼬집, 후추 넣고 비벼주세요.

3 식초 2T, 설탕 1T, 소금 2꼬집 섞어 전자레인지에 10초간 돌려 단촛물을 만들어주세요.

4 밥 1공기에 단촛물을 부어 섞어주세요.

5 오이 속에 밥을 꾹꾹 눌러 담아주세요

6 밥 위에 크래미 샐러드 올리면 완성입니다.

숙이네 꿀팁

• 스리라차 소스를 뿌려도 맛있어요.
• 오이 씨를 파낼 때 티스푼이나 집게 꼭지를 이용하면 편리합니다.
• 크래미 대신 참치마요를 넣어도 맛있고 크래미+참치샐러드로 만들어도 맛있어요.
• 밥에 새콤하게 단무지 다져 넣거나 매콤하게 청양고추를 다져 넣어도 맛있어요.
• 시판용 단촛물을 이용해도 좋습니다.

· 기본 김밥 ·

61

버터간장계란김밥

추억의 버터간장계란밥을 넣어 김에 돌돌 말은 김밥

누구나 추억 속에 엄마가 비벼주던 버터간장계란밥이 있지요. 그런데 저는 제 어머니가 아닌 친구 어머니가 버터 대신 당시 흔했던 마가린을 넣고 비벼주셔서 맛본 것이 버터간장계란밥에 대한 기억이랍니다. 정말이지 말로 표현할 수 없는 향이었죠. 지금이야 흔하지만 그때는 버터가 귀해서 정작 진짜 버터를 넣어 계란밥을 먹은 사람은 많지 않을 거예요. 버터간장계란밥을 김에 싸먹는 건 흔하니 저는 김밥으로 말아보았어요. 계란프라이에 버터와 간장을 넣고 비벼 김에 싸는 거라 어려울 게 없겠다 생각했죠. 그런데 웬걸 양념 간을 맞추기가 생각보다 어렵더라고요. 결국 두 번의 실패를 맛보았고, 다시 연구한 끝에 세 번째에 성공! 드디어 레시피를 알려드릴 수 있게 됐어요.

2줄 분량 | 재료

계란 4개, 대파 50g,
단무지 2줄, 김밥 김 2장,
식용유, 참기름, 통깨

간장 양념

양조간장 3T, 설탕 1T, 물 1T

밥 양념

밥 2공기, 버터 10g,
참기름 2T, 깨

1
기름 두른 팬에 다진 대파를 넣고 볶아
주세요.

2
볶은 파 위에 계란 4개를 넣고 노른자가
터지지 않게 흰자만 스크램블해주세요.

3
양조간장 3T, 설탕 1T, 물 1T를 섞어 간
장 양념을 만들어 계란 둘레에 부은 뒤
끓여주세요.

4
밥 2공기에 버터를 먼저 넣은 다음 간장
계란 올려 참기름 2T와 갈은 깨 넣고 비
벼주세요.

5
김에 밥을 깐 다음 단무지 올려 돌돌 말
아주면 완성입니다.

숙이네 꿀팁

• 낱개 포장된 포션 버터를 사용하면 편리합니다.
• 양조간장이 없으면 진간장을 이용해도 됩니다.
• 김밥 김 대신 조미 김에 싸서 먹어도 맛있어요.
• 김밥이 아닌 밥에 비벼 먹을 때는 간장 1T를 빼주세요.

·주먹밥·

(62)

햄계란돌돌이주먹밥

햄, 치즈, 주먹밥을 팬 위에서 계란 물에 말아 만든 미니언즈 주먹밥

커다란 철판 위에 계란 물을 쏟듯 부은 다음 김밥을 올려 뒤집개로 쓱 밀어서 한방에 돌돌 마는 영상을 본 적이 있어요 빈틈없이 말아버리는 모습이 신기해서 여러 번 돌려봤지요 숙이네도 도전해보고 싶었지만 커다란 철판을 구하기가 쉽지 않아 마음속으로만 소망하고 있었는데, 그러다가는 계속 아쉬움이 남을 것 같았어요 생각을 바꿔 집에 있는 프라이팬으로 미니 버전을 만들어보기로 했죠. 영상과 달리 계란 지단을 미리 굽지 않고 팬 위에서 구우면서 재료와 함께 돌돌 마는 방식을 선택했는데, 재미있는 거예요. 생각한 대로 예쁘게 구워질 때는 쾌감도 있고요. 재미는 제가 보장하니 꼭 한번 도전해 보세요.

재료

슬라이스 햄 10장, 계란 3개,
김밥 김 1장, 소금 2꼬집,
치즈(선택), 식용유

밥 양념

밥 1.5공기, 소금 2꼬집,
참기름 1.5T, 통깨

1
계란 3개에 소금 2꼬집 뿌려 풀어주세요.

2
김은 1/3 정도를 잘라낸 다음 반을 접어
1cm 너비로 잘라 띠를 만들어주세요.

3
밥 1.5공기에 소금 2꼬집, 참기름 1.5T,
통깨를 넣고 비버 손으로 주물러 주먹
밥을 만들어주세요.

4
팬에 기름 조금 둘러 키친타월로 닦아
낸 뒤 팬 위쪽에는 슬라이스 햄, 아래쪽
에는 김 띠를 놓아주세요.

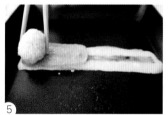

5
김에 계란 물을 슥슥 바른 뒤 슬라이스
햄과 주먹밥 얹어 돌돌 말아주세요.

6
치즈를 추가하여 햄계란치즈돌돌이주
먹밥으로 만들어 먹어도 맛있어요.

숙이네 꿀팁

· 밥에 후리카케를 넣어도 맛있어요.
· 계란 양은 개인의 기호에 따라 조절하세요.
· 김 띠는 생략해도 됩니다.

· 무스비 김밥 ·

63

깻잎무스비김밥

얇게 자른 스팸을 노릇하게 구워 깻잎과 함께 넓적하게 말은 무스비 김밥

거의 초창기에 만들었던 김밥으로, 이 레시피는 저에게 꽤 큰 의미가 있답니다. 기본 김밥과 꼬마김밥만 알던 저에게 김밥 형태를 다양하게 변형시킬 수 있다는 사실을 알게 해주었기 때문이죠. 지금은 흔한 모양이지만 스팸 너비에 맞춰 김밥을 만든다는 사실이 그때는 무척 신기하고 재밌었거든요. 그래서일까요. SNS에서 무려 1,000만이 넘는 조회수를 기록했답니다.

재료

스팸 1캔(340g), 깻잎 8장,
김밥 김 3장, 식용유,
치즈 2장(선택)

밥 양념

밥 2공기, 소금 3꼬집,
참기름 2T, 통깨

1

깻잎은 깨끗하게 씻어 꼭지를 자르고, 스
팸은 뜨거운 물에 데쳐 8등분해주세요.

2

달궈진 팬에 스팸을 올려 노릇하게 구
워주세요.

3

밥 2공기에 소금 3꼬집, 참기름 2T, 통
깨 넣고 비벼주세요.

4

김은 길게 두 번 접어 3등분해주세요.

5

김에 밥을 깐 다음 깻잎과 스팸 올려 스
팸 너비로 세 번 접어주세요.

6

치즈를 추가하여 깻잎치즈무스비김밥
으로 만들어 먹어도 맛있어요.

숙이네 꿀팁

• 스팸 대신 햄을 사용해도 맛있어요.
• 스팸을 간장 소스에 달콤 짭조름하게 조려 넣어도 맛있어요.
• 깻잎 대신 상추를 넣어도 좋습니다.

64

매운볶음밥김밥

냉장고 속 자투리 재료를 잘게 다져 볶음밥으로 만들어 김에 말은 알뜰 김밥

요리하다 남은 자투리 재료를 소진하기 딱 좋은 김밥이에요. 어떤 재료를 넣느냐에 따라 맛이 달라지는 매력을 가지고 있죠. 볶음밥으로 먹어도 되는데 굳이 김밥으로 마는 이유는 김에 말았을 뿐인데 색다르게 즐길 수 있기 때문이에요. 재료를 일일이 다져 넣어 번거로워 보일 수 있는데 다짐기나 믹서를 사용하면 간단하게 재료 준비를 마칠 수 있답니다. 이 레시피를 공개한 뒤 어렸을 때 엄마가 이렇게 김밥을 만들어 주셨다고 해주신 분들이 많았어요. 김밥 하나 만들어 올렸을 뿐인데 따뜻한 마음까지 나눠 받은 감동의 순간이었습니다.

2줄 분량 **재료**

당근 1/4개, 사각 어묵 2장,
청양고추 1개, 양파 반 개, 밥 2공기,
김밥 김 2장, 식용유, 참기름, 통깨

볶음밥 양념

간장 1T, 맛술 1T,
굴소스 1T, 올리고당 1T

1 당근은 채 썰어 잘게 다져주세요

2 어묵도 길게 채 썰어 잘게 다져주세요.

3 청양고추는 꼭지를 따서 두 번 갈라 다지고, 양파도 다져주세요.

4 기름 둘러 달군 팬에 당근, 양파, 어묵, 청양고추 순서로 볶다가 간장 1T, 맛술 1T, 굴소스 1T, 올리고당 1T로 간을 해주세요.

5 볶은 채소에 밥 1공기 넣고 꾹꾹 눌러가며 볶아 한 김 식혀주세요.

6 김에 볶음밥을 펼친 뒤 돌돌 말아주세요.

숙이네 꿀팁

• 치즈나 계란 지단을 추가해도 맛있어요.
• 매콤하게 고춧가루를 넣어 볶아도 좋습니다.
• 김치 볶음밥, 새우 볶음밥, 계란 볶음밥 등 다양한 볶음밥으로도 만들어보세요.

꼬마 김밥

진미채무침꼬마김밥

매콤달콤한 소스에 무친 진미채를 넣어 돌돌 말은 꼬마김밥

제가 어렸을 때 정말 많이 먹었던 반찬 중에 하나가 진미채 볶음이에요. 편식이 심해서 가리는 음식이 많았던 제가 진미 채는 잘 먹으니 엄마는 반찬이 떨어지지 않게 늘 새로 만들어 채워두곤 하셨죠. 그 영향인지 결혼해서도 종종 만들어 먹 었는데, 어느 날 이걸 김밥으로 만들어도 맛있지 않을까 하는 생각이 들더라고요. 진미채는 보통 팬에 소스를 끓이다가 재료를 넣고 볶아서 만드는데, 어느 날 우연히 본 영상에서는 진미채를 소스에 무치더라고요. 간단해 보여서 엄마의 손 맛을 생각하며 따라해 보았는데, 제 입에는 세상 최고였습니다. 불을 쓰지 않아 편하고 시간도 절약했다죠. 진미채가 들 어간 이 맛있는 김밥을 저는 앞으로도 계속 먹을 것 같아요.

12개 분량 　재료

진미채 300g, 김밥 김 3장,
참기름, 통깨

진미채 양념

고추장 2T, 간장 1T, 올리고당 3T,
물엿 1T, 마요네즈 2T,
참기름 2T, 통깨

밥 양념

밥 2공기, 소금 2꼬집,
참기름 2T, 깨

1
그릇에 고추장 2T, 간장 1T, 올리고당
3T, 물엿 1T, 마요네즈 2T를 넣고 섞어
주세요.

2
소스에 진미채를 잘라 넣고 양념이 잘
배도록 무치다가 참기름 2T와 통깨 뿌
려 다시 한번 무쳐주세요.

3
밥 2공기에 소금 2꼬집, 참기름 2T, 갈
은 깨 넣고 비벼주세요.

4
김은 가로 세로로 각 한 번씩 접어 4등
분해주세요.

5
김에 밥을 얇게 깐 다음 젓가락으로 진
미채 무침 올려 돌돌 말아주세요.

6
참기름 바르고 통깨 뿌리면 완성입니다.

숙이네 꿀팁

• 마요네즈가 부담스럽다면 맛술을 넣어도 맛있어요.
• 올리고당, 물엿 대신 설탕을 사용해도 좋아요.
• 양념을 팬에 바글바글 끓이다가 진미채를 볶아 반찬으로 먹어도 맛있어요.
• 깻잎, 오이, 단무지, 무생채 등을 추가해도 좋아요.

66

김치볶음계란말이밥

김치볶음밥을 계란으로 돌돌 말은 김 없는 김밥

한동안 김 대신 계란으로 돌돌 말은 레시피가 큰 사랑을 받았어요. 덕분에 저도 신이 났지요. 밥으로 만든 건 전부 계란 말이로 만들 수 있겠다 싶어 고민을 했지요. 그러다 계란이랑 잘 어울리는 김치볶음밥도 충분히 김밥으로 말 수 있겠다 싶어 만들어봤죠. 김치볶음밥을 사랑하는 제 마음을 담아 스팸과 김치를 볶아 계란으로 말았는데 역시나 성공적이었습니다. 계란으로 마는 게 어려운 분들은 지단을 부쳐서 김치볶음밥 위에 오므라이스처럼 얹어 드셔도 됩니다. 맛은 똑같으니 편한 방법을 이용하세요.

2줄 분량 　재료　

계란 5개, 스팸 1캔(200g),
김치 50g, 밥 1.5공기, 통깨, 식용유

　김치볶음밥 양념　

간장 1T, 올리고당 1T,
고춧가루 1T, 마요네즈 1T

1
계란 5개는 그릇에 풀어놓고, 스팸은 5등
분해서 뜨거운 물에 데쳐 비닐 팩에 넣
고 주물러 으깨주세요.

2
김치를 꺼내어 잘게 다져주세요.

3
기름 둘러 달군 팬에 으깬 스팸을 넣고
볶다가 김치를 추가해 볶아주세요.

4
여기에 간장, 올리고당, 고춧가루, 마요
네즈 각각 1T씩 넣고 밥 1.5공기와 통깨
뿌려 섞어주세요.

5
완성된 김치볶음밥은 한 김 식혀 랩에
감싸 길쭉한 모양으로 만들어주세요.

6
팬에 계란 물을 부어 약불로 구운 뒤 김치
볶음밥 올려 돌돌 말아주면 완성입니다.

숙이네 꿀팁

• 스팸을 깍둑썰기해서 넣어도 좋아요.
• 계란은 약불로 구워야 타지 않고 색깔이 예쁘게 구워져요.
• 김치볶음밥을 먼저 김에 말아서 계란말이로 만들면 더 잘 말아져요.

·꼬마김밥·

67

매운넓적어묵꼬마김밥

어묵을 넓적하게 썰어 매운 땡초 양념에 볶아 만든 중독성 강한 꼬마김밥

스팸 못지않은 효자 아이템, 바로 어묵입니다. 어떤 형태든, 어떤 맛이든 김밥에 넣으면 다 맛있고, 다 잘 어울리니 최고
의 친화력을 자랑한다고 할 수 있죠. 그런데 그동안 어묵을 김밥에 넣을 때는 늘 얇고 길게 채를 썰지 않았나요? 그래서
이번에는 넓적하게 썰어 만든 넓적어묵김밥을 소개합니다. 어묵을 넓적하게 썰어넣어 그런지 양념이 더 크고 넓게 배어
맛이 극대화 되었어요. 여기에 땡초를 함께 넣었더니 그야말로 맛의 절정이었답니다. 한 번 먹으면 절대 잊을 수 없고
끊을 수 없는 매운넓적어묵꼬마김밥, 자신 있게 소개합니다.

12개 분량

재료

사각 어묵 3장, 청양고추 1개,
김밥 김 3장, 식용유, 물 3T

매운 어묵 양념장

간장 2T, 올리고당 2T,
고춧가루 1T, 참기름 1/2T, 통깨

밥 양념

밥 2공기, 소금 2꼬집,
참기름 2T, 통깨

1

사각 어묵은 1.5cm 너비로 넓적하게 썰
어 준비해두고, 청양고추는 두 번 갈라
잘게 다져주세요.

2

간장 2T, 올리고당 2T, 고춧가루 1T, 참
기름 1/2T, 통깨를 섞어 양념장을 만들
어주세요.

3

기름 둘러 달군 팬에 청양고추를 먼저
볶다가 어묵과 물 3T를 넣어 좀 더 볶은
뒤 양념장을 넣고 잘 볶아주세요.

4

밥 2공기에 소금 2꼬집, 참기름 2T, 통
깨 넣고 비벼주세요.

5

김은 가로 세로로 한 번씩 접어 4등분
해주세요.

6

김에 밥을 깐 다음 매운 어묵 2개씩 얹
어 돌돌 말아주면 완성입니다.

숙이네 꿀팁

• 고추와 고춧가루를 빼면 맵지 않은 간장어묵김밥이 됩니다.
• 두꺼운 어묵이 별로인 분들은 얇게 썰어 이용해도 좋아요.

· 반줄 김밥 ·

⑥⑧
육즙팡팡소시지김밥

반으로 가른 소시지에 계란말이를 끼워 돌돌 말아 만든 비주얼 반줄 김밥

이 김밥은 냉장고에 언제나 자리하고 있는 재료인 소시지와 계란을 이용해 만들었어요. 소시지를 굽기 전에 물에 살짝 삶아서 구우면 훨씬 탱글탱글해지는데 그 식감을 최대한 살렸답니다. 분홍빛 소시지 가운데에 노란색 계란을 끼워 만든 만큼 예쁘지 않을 수가 없어요. 잘라서 단면을 보니 예상대로 캐릭터처럼 엄청 귀엽더라고요. 예뻐서 눈이 즐겁고 재료 도 두 가지만 들어가 간단하니 자주 만들 수밖에요. 게다가 육즙이 팡팡 터지니 먹을 때마다 즐거워요. 특히 아이들 입 맛에 딱이라 소풍이나 나들이 갈 때 준비하면 인기 최고랍니다.

재료

소시지 4개, 계란 3개, 김밥 김 2장,
소금 2꼬집, 식용유, 물

밥 양념

밥 2공기, 소금 2꼬집,
참기름 2T, 깨

1
팬에 소시지를 올린 뒤 소시지가 1/3 정
도 잠길 만큼 물을 부어 중불로 팔팔 끓
이다가 물이 졸아들면 기름에 살짝 구
워주세요.

2
계란 3개에 소금 2꼬집 쳐서 계란 물을
만들어 달궈진 팬에 붓고 약불로 익히다
1/3 크기로 접어 돌돌 말아주세요.

3
구운 소시지와 계란말이는 한 김 식혀
길게 반으로 잘라주세요.

4
밥 2공기에 소금 2꼬집, 참기름 2T, 갈
은 깨 넣고 비벼주세요.

5
김은 가로 방향으로 넓게 2등분해주세요.

6
김에 밥을 깔고 소시지, 계란말이, 소시
지 순서로 올려 돌돌 말아주면 완성입
니다.

숙이네 꿀팁

• 소시지는 삶기만 해도 충분해요.
• 케첩에 찍어 드시면 더 맛있어요.
• 소시지, 계란말이, 소시지 순서로 놓고 김에 먼저 한번 말아줘도 좋아요.

꼬마 김밥

69

냉동만두꼬마김밥

시판용 냉동만두를 활용해 재료 준비 시간을 확 줄인 초간단 꼬마김밥

냉동만두로 김밥을 만든다고? 유명 TV 프로그램에 이 김밥이 나오는 것을 보며 적잖이 충격을 받았어요. 그동안 제가 생각했던 요리의 틀을 완전히 깨버린 발상이라서요. 역시나 요리의 세계, 김밥의 세계는 한계가 없습니다. 즉석 조리 식품을 레시피에 활용한다는 사실 자체로 신선했어요. 만두의 형태를 완전히 없애고 다른 요리의 재료로 사용하다니요. 고기와 채소를 비롯해 다양한 재료가 들어간 만두는 사실 밸런스가 완벽하잖아요. 그러니 그 자체로 김밥 재료로 충분한 거죠. 만두와 밥을 비빈지라 정말 맛있어요. 집에 딱히 재료는 없지만 만두는 있을 때 꼭 한 번 만들어보세요. 헤어나오지 못하실 거예요.

12개 분량 　재료

만두 6개, 단무지 2줄,
김밥 김 3장, 치즈 2장(선택)

밥 양념

밥 1.5공기, 간장 1T,
참기름 2T, 소금 2꼬집, 통깨

1
단무지는 길게 두 번 갈라 잘게 다져주
세요.

2
전자레인지 또는 찜기에 냉동만두를 넣
어 3분간 쪄주세요.

3
쪄낸 만두를 그릇에 옮겨 가위로 잘게
잘라주세요.

4
만두에 다진 단무지, 밥 1.5공기, 간장
1T, 소금 2꼬집, 참기름 2T, 통깨 넣고 섞
어주세요.

5
김을 4등분한 뒤 만두 비빔밥 깔고 돌돌
말아주세요.

6
치즈를 추가하여 냉동만두꼬마치즈김
밥으로 만들어 먹어도 맛있어요.

숙이네 꿀팁

· 김치만두, 갈비만두, 군만두, 물만두 등 다양한 만두를 이용해보세요.
· 단무지 대신 묵은지를 씻어 잘게 잘라 넣어도 맛있어요.
· 김밥이 아닌 만두비빔밥으로 그냥 먹어도 좋아요.

70

초간단 무스비김밥

김밥 재료를 무스비 틀에 넣어 꾹꾹 눌러 층층이 담아 만든 비주얼 김밥

김으로 감싼 주먹밥에 스팸을 넣은 요리를 '하와이안 무스비'라고 하는데요. 이 김밥도 스팸을 넣어 만든 무스비 김밥입니다. 스팸과 계란말이가 들어간 것이 특징으로, 만드는 방법이 간단하면서도 맛이 좋아 인기가 많죠. 하와이안 무스비는 주먹밥 위에 스팸을 얹어 김으로 감싼 모양이에요. 하지만 이 김밥은 무스비를 쉽게 만들도록 도와주는 도구인 무스비 틀을 이용해서 재료를 층층이 눌러 담아 김에 감싸 김밥 모양으로 만든답니다. 만드는 방법도 간단하지만 모양도 정말 예뻐서 눈으로도 즐길 수 있어요.

재료

스팸 1캔(200g), 계란 3개,
김밥 김 3장, 식용유, 소금 2꼬집

밥 양념

밥 2공기, 소금 2꼬집,
참기름 2T, 깨

1

스팸은 5등분해서 팬에 노릇하게 구워
주세요.

2

기름 둘러 달군 팬에 계란 3개를 넣고
소금 2꼬집 뿌려 스크램블드에그를 만
들어주세요.

3

밥 2공기에 소금 2꼬집, 참기름 2T, 갈
은 깨 넣고 비벼주세요.

4

반으로 길게 자른 김 끝에 무스비 김밥
틀을 놓고 밥, 스크램블드에그, 스팸, 밥
순서로 넣어주세요.

5

김 위의 재료를 꾹꾹 눌러준 다음 무스
비 틀을 위로 빼주세요.

6

틀에서 뺀 상태 그대로 김에 돌돌 말아
먹기 좋은 크기로 썰어주세요.

숙이네 꿀팁

• 오이, 단무지, 깻잎, 치즈 등 좋아하는 김밥 재료를 추가해 보세요.
• 무스비 틀이 없으면 스팸 캔을 활용하세요.

(71) 매콤참치마요김밥

땡초와 고춧가루로 참치마요에 매콤함을 더해 느끼함을 잡은 별미 김밥

참치마요는 언제나 사랑받는 김밥 재료이지만 느끼할 수도 있다는 단점이 있어요. 이 김밥은 땡초와 고춧가루로 그런 단점을 보완해 질리지 않게 만들었어요. 보통 참치마요 김밥은 여러 가지 다른 김밥 재료가 함께 들어가지만 이건 그 자체만으로도 맛이 알차서 다른 재료가 많이 필요하지 않아요. 매콤한 맛 때문에 아이들보다는 어른을 위한 김밥이죠. 그냥 참치마요와는 또 다른 매력이 있으니 한번 드셔보세요.

재료	매콤 참치마요 소스	밥 양념
2줄 분량		
참치 2캔(135g×2개), 청양고추 2개, 단무지 2줄, 깻잎 8장, 김밥 김 2장, 참기름, 통깨	마요네즈 2T, 고춧가루 1/2T, 소금 2꼬집, 후추	밥 2공기, 소금 3꼬집, 참기름 2T, 통깨

1
참치는 기름을 빼서 준비해주세요.

2
깻잎은 꼭지를 따서 준비하고, 청양고추와 단무지는 반으로 갈라 잘게 다져주세요.

3
그릇에 참치, 단무지, 청양고추 넣고 마요네즈 2T, 고춧가루 1/2T, 소금 2꼬집, 후추 뿌려 섞어주세요.

4
밥 2공기에 소금 3꼬집, 참기름 2T, 통깨 넣고 비벼주세요.

5
김에 밥을 얇게 깐 다음 깻잎 올리고 매콤 참치마요 듬뿍 얹어 깻잎을 먼저 만 뒤 김을 말아주세요.

숙이네 꿀팁

• 단무지는 다지지 않고 통으로 넣어도 좋아요.
• 청양고추 대신 풋고추나 오이고추를 이용해도 됩니다.

72

크래미지단돌돌김밥

지단에 돌돌 만 크래미와 단무지를 상추로 한 번 더 감싸 만든 봄 김밥

자주 사용하는 재료로 예쁜 김밥을 말아보고 싶었어요. 머릿속으로 여러 가지 모양을 상상한 끝에 노란 색감을 담당하는 계란과 붉은 빛의 크래미를 조합하기로 했죠. 상추 들어간 김밥을 떠올리며 초록색 담당으로는 상추를 선택했어요. 색감이 고울 거라 예상하긴 했지만 만들어놓고 보니 상추가 마치 레이스처럼 보여 훨씬 더 예쁘더라고요. 초록초록한 상추가 노란 계란을 감싼 모습이 마치 생동하는 봄 같았답니다.

재료	지단 양념	밥 양념
계란 3개, 상추 4장, 크래미 2개, 단무지 2줄, 김밥 김 2장, 참기름, 통깨, 식용유	참치액 1T, 참기름 1T, 소금 2꼬집(생략 가능)	밥 2공기, 소금 2꼬집, 참기름 2T, 통깨

1. 상추는 깨끗하게 씻어 꼭지를 자르고, 크래미는 길게 반을 잘라주세요.

2. 계란 3개에 참치액 1T, 참기름 1T, 소금 2꼬집(생략 가능) 넣고 풀어주세요.

3. 기름 뿌려 달군 사각 팬에 계란 물 부어 넓게 펼친 다음 약불로 서서히 익혀주세요.

4. 밥 2공기에 소금 2꼬집, 참기름 2T, 통깨 넣고 비벼주세요.

5. 한 김 식힌 지단 위에 크래미와 단무지 올려 돌돌 말아주세요.

6. 김에 밥 깔고 상추 놓은 다음 지단 말이 올려 말아주면 완성입니다.

숙이네 꿀팁

• 스크램블드에그 또는 지단을 길쭉하게 썰어서 이용해도 좋습니다.
• 크래미를 잘게 찢어 샐러드로 만들어 넣어도 맛있어요.

73

상추참치스크램블김밥

상큼한 상추, 부드러운 스크램블드에그, 고소한 참치마요가 의외의 조합을 자랑하는 밸런스 김밥

깻잎과 참치마요 역시 궁합이 좋은 김밥 친구로, 두 재료가 함께 들어간 김밥은 익숙하지요. 그렇다면 상추와 참치마요의 조합은 어떨까요? 이 김밥을 처음 만들 때 상추가 제철이라 깻잎 대신 상추를 넣는 게 유행이었어요. 깻잎 특유의 향은 참치마요와 잘 어울리는데 상추는 딱 이거다 할 만한 특징을 잡아낼 수 있는 재료가 아니라 저 역시 살짝 의문이 들었거든요. 그런데 두 재료를 조합해보니 상추가 참치마요의 느끼함을 싹 잡아주더라고요. 스크램블드에그를 더해 부드러움까지 더한 맛있는 요리가 탄생한 순간입니다.

2줄 분량 / 재료

상추 5장, 참치 1캔(135g), 계란 3개,
단무지 2줄, 식용유, 소금 2꼬집,
김밥 김 2장

참치마요 소스

마요네즈 2T, 올리고당 1T,
소금 2꼬집, 후추

밥 양념

밥 2공기, 소금 2꼬집,
참기름 2T, 통깨

1 상추는 깨끗이 씻어 착착 채썰어주세요.

2 참치 캔을 따서 기름을 제거한 뒤 마요
네즈 2T, 올리고당 1T, 소금 2꼬집, 후추
뿌려 비벼주세요.

3 계란 3개에 소금 2꼬집 넣고 섞어 팬에
올려 스크램블드에그로 만들어주세요.

4 밥 2공기에 소금 2꼬집, 참기름 2T, 통
깨 넣고 비벼주세요.

5 김에 밥을 깔고 상추, 스크램블드에그,
참치마요를 듬뿍 올려 단무지 얹어 돌
돌 말아주세요.

6 재료가 듬뿍 들어가 두툼하니 꾹꾹 눌
러가며 모양을 잡아주세요.

숙이네 꿀팁

• 상추 대신 깻잎을 넣어도 맛있어요.
• 오이를 추가해도 맛있어요.
• 계란 지단을 채 썰어 이용해도 좋아요.

· 기본 김밥 ·

74
쌈장대패제육김밥

대패삼겹살에 쌈장을 넣고 볶아 상추쌈처럼 말은 김밥

삼겹살을 좋아하는 남편 덕에 결혼하고 나서 고기는 주로 삼겹살을 먹었어요. 저는 삼겹살에 초고추장을 찍어 먹는데 남편은 쌈장에 찍어 먹는 걸 좋아해요. 고기를 먹으러 가면 쌈장을 세 번 이상 추가해 먹을 정도죠. 그러던 중 쌈장제육을 알게 됐어요. 고추장이나 간장을 베이스로 한 제육볶음은 워낙 흔하고, 된장으로 제육볶음을 만들어도 맛있다는 건 알았지만 쌈장이라뇨! 고기나 채소에만 찍어먹던 쌈장이 제육볶음용 양념이 된다니 기대되더라고요. 김밥에 대패삼겹 살도 많이 넣어 먹으니 이왕 만드는 거 쌈장대패삼겹살을 넣어보자 싶었어요. 맛이요? 이번에도 말이 필요 없었습니다.

166

2줄 분량 재료

대패삼겹살 300g, 양배추 1/4통,
대파 50g, 김밥 김 2장, 깻잎 8장,
단무지 2줄, 참기름, 통깨, 후추

쌈장제육 소스

간장 2T, 설탕 1T,
다진 마늘 1/2T, 쌈장 1T

밥 양념

밥 1공기, 소금 2꼬집,
참기름 2T, 깨

1 기름 둘러 달군 팬에 대패삼겹살, 양배
추, 대파 넣고 볶다가 후추 뿌려 노릇하
게 볶아주세요.

2 볶은 고기에 간장 2T, 설탕 1T, 다진 마늘
1/2T, 쌈장 1T 넣어 한 번 더 볶아주세요.

3 밥 1공기에 소금 2꼬집, 참기름 2T, 갈은
깨 넣고 비벼주세요.

4 김에 밥을 얇게 깔고 깻잎, 쌈장대패제육,
단무지 순서로 올려 돌돌 말아주세요.

5 참기름 바르고 통깨 뿌려 먹기 좋게 썰
어주면 완성입니다.

숙이네 꿀팁

• 대패삼겹살이 없으면 어묵이나 햄으로 대체 가능해요.
• 쌈장제육 대신 참치를 쌈장에 비벼 넣어도 맛있어요.

오이와 크래미는 최고의 궁합을 이루는 김밥 친구죠. 맛 밸런스가 좋아서 굳이 다른 재료를 넣지 않아도 충분히 맛이 나
오거든요. 게다가 이 두 가지를 조합하면 느끼한 맛도 없고 상큼해서 아무리 많이 먹어도 질리지 않아요. 불을 쓰지 않
아도 되기 때문에 더워지기 시작하는 초여름이나 높은 기온으로 입맛이 떨어진 날 만들어 먹으면 속도 시원해지고 기
분도 좋습니다.

재료	오이 절임 양념	크래미 샐러드 소스	밥 양념
오이 2개, 크래미 3개, 김밥 김 2장,	소금 3꼬집, 물엿 1T, 식초 1/2T	마요네즈 2T, 고추냉이 1/3T, 올리고당 1T, 소금 2꼬집, 후추	밥 2공기, 소금 2꼬집, 참기름 2T, 통깨

2줄 분량

1
오이는 손질하여 채를 썰어 소금 3꼬집, 물엿 1T, 식초 1/2T 넣고 버무려 10분간 절여주세요.

2
크래미 3개를 나란히 놓은 뒤 젓가락으로 꾹 눌러 돌돌 돌려 풀어주세요.

3
크래미에 마요네즈 2T, 고추냉이 1/3T, 올리고당 1T, 소금 2꼬집, 후추 넣고 비벼주세요.

4
10분간 절인 오이는 손으로 물기를 꼭 짜주세요.

5
밥 2공기에 소금 2꼬집, 참기름 2T, 통깨 뿌려 비벼주세요.

6
김에 밥 깔고 오이와 크래미 듬뿍 얹어 돌돌 말아주세요.

숙이네 꿀팁

- 오이를 절이지 않고 채 썬 상태 그대로 넣어도 좋아요.
- 오이 대신 상추를, 오이채 대신 오이 스틱을 넣어도 맛있어요.
- 크래미 샐러드 대신 참치 샐러드를 넣어도 좋습니다.

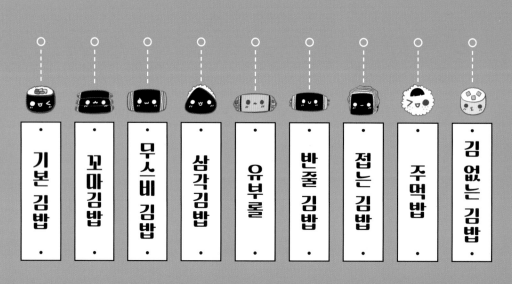

기본 김밥

꼬마 김밥

무스비 김밥

삼각김밥

유부롤

반줄 김밥

접는 김밥

주먹밥

김 없는 김밥

4장

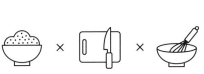

· 무스비 김밥 ·

76

계란돌돌 **무스비김밥**

팬에 계란 물을 얇게 부어 굽다가 스팸을 돌돌 말아 한 번에 먹는 넓적 무스비 김밥

스팸으로 무스비 김밥을 만들 때 가장 좋은 조합은 계란을 넣는 것이죠. 거의 국룰이라 해도 무방한데 계란을 다양한 형태로 넣어 만드는 재미가 있어요. 보통은 계란말이를 만들어 넣는데 이번에는 스팸에 계란을 한방에 말아서 과정을 간단하게 줄여봤습니다. 이렇게 하니 조리 시간 단축은 물론 모양도 예쁘게 나와 더 좋았어요. 깻잎이나 치즈 등을 추가해서 취향대로 만들어 먹으면 더 맛있으니 취향을 듬뿍 드러내보세요.

재료

스팸 1캔(200g), 계란 2~3개,
깻잎 1.5장, 김밥 김 2장, 식용유

밥 양념

밥 2공기, 소금 2꼬집,
참기름 2T, 통깨

1 계란 2~3개를 깨서 잘 풀어주세요.

2 스팸은 6등분하여 뜨거운 물에 데쳐 달궈진 팬에 올려 노릇하게 구워주세요.

3 달군 팬에 숟가락으로 계란 물을 떠서 길고 넓게 펴주세요.

4 계란 물을 약불로 익히다가 구워 놓은 스팸 얹어 돌돌 말아주세요.

5 밥 2공기에 소금 2꼬집, 참기름 2T, 통깨 넣고 비벼주세요.

6 3등분한 김에 밥을 깐 다음 깻잎 올리고 계란 옷 입은 스팸 얹어 두 번 접으면 완성입니다.

숙이네 꿀팁

• 스팸을 데치는 과정은 생략해도 됩니다.
• 계란은 지단으로 부쳐서 채 썰어 넣어도 좋아요.
• 스팸을 구울 때 기름은 생략해도 좋아요.
• 계란을 구울 때는 기름을 아주 조금만 넣으세요.

77

들기름막국수유부롤

밥 대신 고소한 들기름 막국수를 유부에 말아 만든 롤 유부초밥

저는 이 요리를 제주도 여행을 가서 처음 먹어봤는데, 사실 처음에는 큰 매력을 느끼지 못했어요. 그런데 문득문득 그때 먹은 들기름 막국수가 생각나더라고요. 고급스러운 맛이라 집에서는 만들지 못할 줄 알았거든요. 그런데 해보니 진짜 간단했어요. 메밀 면을 삶아서 차가운 물에 씻어 간장과 들기름, 깨를 듬뿍 넣어 조물조물 무치니 완성. 이 요리의 핵심은 들기름이 얼마나 맛있고 고소하냐에 달려 있어요. 면으로 즐기던 요리를 유부에 넣어 말아먹는 것도 신선한데 한 개 집어먹어보니 맛은 더 신선했어요. 여기에 아삭한 오이를 넣어 식감을 더했더니 별미 중에 별미더라고요. 손으로 집어 먹기도 편해서 도시락으로도 손색이 없답니다.

재료

초밥용 유부 1봉지, 오이 반 개,
메밀국수 1인분(500원 동전 크기),
조미 김 2장

들기름 막국수 소스

들기름 2T, 간장 2T, 올리고당 1T,
조미 김 1장, 깨

1
오이는 양끝을 자른 뒤 반을 갈라 속을
파고 3토막 내서 길게 3~4등분해주세요.

2
유부는 봉지에서 꺼내 국물을 짜주세요.

3
끓는 물에 메밀국수 1인분을 넣고 저어
가면서 5분간 익혀주세요.

4
면이 다 익으면 흐르는 물에 씻어 얼음
물에 담가 치대주세요.

5
면에 들기름 2T, 간장 2T, 올리고당 1T,
갈은 깨, 부순 조미 김 넣고 무쳐주세요.

6
유부 위에 조미 김, 국수, 오이 순서로
올려 돌돌 말아주면 완성입니다.

숙이네 꿀팁

• 메밀국수 대신 소면을, 간장 대신 쯔유를 사용해도 좋아요.
• 스틱 오이가 아닌 채 썬 오이를 이용해도 됩니다.
• 오이가 없으면 빼고 만드셔도 좋아요.
• 입맛에 따라 들기름 대신 참기름을 넣어도 좋아요.

(78)

간단참치마요김밥

참치마요와 깻잎만 넣어 불을 쓰지 않고 만든 5분 완성 간단 김밥

한때 저는 김밥 집에 가면 기본 김밥만 먹기는 아쉬워서 참치김밥을 주로 먹었어요. 팔팔 끓인 뜨거운 라면과 함께 먹으면 세상 부러울 것이 없었죠. 그때 먹은 참치김밥은 기본 김밥에 참치를 추가해서 만든 거였는데 이게 은근히 손이 많이 가서 집에서 만들어 먹기는 부담스러워요. 그래서 다른 재료 없이 참치마요에 단무지만 다져 넣고 김밥을 말았는데 과정은 훨씬 간단하지만 참치마요김밥의 매력을 충분히 즐길 수 있었어요. 불을 쓰지 않고 5분이면 뚝딱 만드니 언제든지 부담 없이 먹을 수 있네요. 이제 라면 끓일 때 참치 꺼내서 김밥도 말아서 함께 드세요.

2줄 분량 **재료**

참치 1캔(135g), 단무지 3줄,
깻잎 8장, 김밥 김 2장,
참기름, 통깨

참치마요 소스

마요네즈 2T, 올리고당 1T, 후추

밥 양념

밥 2공기, 소금 2꼬집,
참기름 2T, 통깨

1
깻잎은 꼭지를 자르고 단무지는 잘게
다져 준비해주세요.

2
참치는 숟가락으로 눌러 기름을 쫙 짜
주세요.

3
참치에 다진 단무지, 마요네즈 2T, 올리
고당 1T, 후추 뿌려 비벼주세요.

4
밥 2공기에 소금 2꼬집, 참기름 2T, 통
깨 뿌려 비벼주세요.

5
김에 밥을 깔고 깻잎 2장씩 양쪽으로 놓
은 뒤 참치마요 듬뿍 올려 돌돌 말아주
세요.

숙이네 꿀팁

• 단무지는 다지지 않고 통으로 넣어도 됩니다.
• 참치 샐러드에 오이, 고추, 묵은지, 고춧가루, 고추냉이를 넣어도 맛있어요.
• 묵은지를 씻어 길게 넣어도 맛있어요.
• 꼬마김밥으로 만들어도 맛있어요.

79

햄오이꽁다리김밥

슬라이스 햄 속에 오이채 무침과 참치마요를 듬뿍 넣어 돌돌 말아 즐기는 꽁다리 김밥

이 김밥은 한창 오이가 많이 나오는 시기에 제철 채소도 즐기고 오이도 활용할 겸 해서 만든 요리예요. 일 년 내내 먹을 수 있지만 봄에서 여름으로 넘어가는 시기에 나오는 오이 맛은 그야말로 최고지요. 아삭아삭한 식감이 주는 재미는 물론 수분을 가득 머금고 있어 먹으면 먹을수록 몸이 정화되는 느낌이 들거든요. 하지만 오이만 넣기는 아쉬워서 냉장고에서 바로 꺼내 쓸 수 있는 슬라이스 햄과 참치마요를 후다닥 만들어 함께 넣었어요. 예상치 못한 또 하나의 별미가 탄생한 순간입니다.

재료

오이 2개, 슬라이스 햄 9장,
참치 1캔(135g),
소금 1T(오이 세척용), 김밥 김 3장

참치마요 소스

마요네즈 2T,
고추냉이 1/3T, 올리고당 1T,
소금 2꼬집, 후추

오이채 절임

소금 3꼬집, 물엿 1T,
식초 1T

밥 양념

밥 2공기, 소금 2꼬집,
참기름 2T, 통깨

1
오이는 소금으로 문질러 깨끗하게 씻어
채 썬 다음 소금 3꼬집, 물엿 1T, 식초 1T
넣고 버무려 10분간 절여주세요.

2
참치는 숟가락으로 꾹꾹 눌러 기름을
뺀 뒤 마요네즈 2T, 고추냉이 1/3T, 올리
고당 1T, 소금 2꼬집, 후추 넣고 잘 섞어
주세요.

3
10분간 절인 오이는 손으로 물기를 꼭
짜주세요.

4
밥 2공기에 소금 2꼬집, 참기름 2T, 통
깨 넣고 비벼주세요.

5
길게 두 번 접어 3등분한 김에 밥을 3/4
지점까지 깔아주세요.

6
밥에 슬라이스 햄, 오이채, 참치샐러드
얹어 돌돌 말아주면 완성입니다.

숙이네 꿀팁

• 오이를 절일 때 물엿은 생략해도 됩니다.
• 오이 대신 단무지나 쌈무로 만들어도 맛있어요.
• 참치 샐러드 대신 크래미 샐러드를 넣어도 맛있어요.

80
매콤스팸양파김밥

스팸과 양파를 매콤한 양념에 볶아 속재료로 넣은 중독성 강한 김밥

스팸은 정말이지 최고의 김밥 재료입니다. 스팸을 넣으면 웬만한 김밥은 기본 이상, 아니 다 맛있거든요. 그런데 한국인의 입맛에는 조금 느끼할 수 있어요. 그 느끼함을 잡아주면 질리지 않고 끝없이 먹을 수 있는 거죠. 바로 지금 소개하는 매콤스팸양파김밥이 그렇습니다. 양파와 매운 양념을 더해 스팸의 단점을 확실히 잡아줬지요. 우리 입맛에는 짜다고 느껴질 수 있는 스팸에 달달한 양파를 더하니 확실히 짠맛이 중화되고, 스팸 양파 그대로 갓 지은 밥에 얹어 먹어도 또한 꿀맛이었어요.

2줄 분량 재료

스팸 1캔(340g), 양파 1개,
김밥 김 2장, 식용유

스팸 양파 볶음 소스

고추장 1T, 고춧가루 1T, 간장 2T,
맛술 2T, 올리고당 2T,
물 2T, 후추

밥 양념

밥 2공기, 소금 2꼬집,
참기름 2T, 깨

1
스팸을 캔에서 꺼내 스틱 모양으로 잘
라주세요.

2
양파는 채 썰어 준비해주세요.

3
고추장 1T, 고춧가루 1T, 간장 2T, 맛술
2T, 올리고당 2T, 물 2T, 후추를 잘 섞어
소스를 만들어주세요.

4
달궈진 팬에 스팸을 올려 노릇하게 굽
다가 양파를 넣고 함께 볶아 소스에 버
무려주세요.

5
밥 2공기에 소금 2꼬집, 참기름 2T, 갈
은 깨 넣고 비벼주세요.

6
김에 밥을 깔고 스팸 양파 볶음 넉넉히
올려 돌돌 말아주세요.

숙이네 꿀팁

• 짠맛과 기름기 제거를 위해 스팸을 뜨거운 물에 데쳐 사용하셔도 좋아요.
• 고춧가루와 고추장을 빼면 맵지 않게 드실 수 있어요.
• 꼬마김밥으로 만들어도 좋아요.

81

매운참치쌈김밥

참치를 매콤하게 양념해서 쌈에 싸먹는 불 없이 만드는 김밥

한국인은 쌈을 참 좋아하지요. 그런데 쌈으로 먹으면 맛있는 걸 김밥에 넣어 먹으면 더 맛있지 않을까요? 그래서 만들어보았습니다. 맛은 역시나 예상대로였습니다. 사실 아무 양념도 하지 않은 참치만 쌈에 싸먹어도 맛있잖아요. 그런데 매콤하게 양념까지 했으니 맛이 없을 수 없지요. 아니 더 맛있을 수밖에요. 참치김밥에는 보통 참치마요를 넣는데 매콤하게 양념한 참치를 넣어도 어울릴 거라 생각했어요. 그래서 김에 상추를 깔고 매콤한 참치를 얹어 쌈처럼 말았는데 이거 하나만으로 든든하더라고요. 상추 대신 깻잎이나 찐 양배추에 싸먹어도 맛있답니다. 어르신들 입맛에 잘 맞으니 부모님께 만들어드리는 건 어떨까요?

2줄 분량 재료

참치 1캔(135g), 양파 1/4개,
대파 1/3개, 청양고추 1개,
상추 4장, 김밥 김 2장

참치 양념

다진 마늘 1/2T, 된장 1T, 고춧가루 1T,
올리고당 1T, 참기름 1T,
소금 2꼬집, 후추, 깨

밥 양념

밥 2공기, 소금 2꼬집,
참기름 2T, 깨

1
참치 캔을 따서 체에 부은 뒤 꾹꾹 눌러
기름을 빼고 그릇에 옮겨주세요.

2
양파 1/4개, 대파 1/3개, 청양고추 1개를
잘게 다져 참치에 넣어주세요.

3
참치에 다진 마늘 1/2T, 된장 1T, 고춧가
루 1T, 올리고당 1T, 참기름 1T, 소금 2꼬
집, 후추, 갈은 깨 넣어주세요.

4
재료를 슥슥 비벼 참치 양념을 만들어
주세요.

5
밥 2공기에 소금 2꼬집, 참기름 2T, 갈
은 깨 넣고 비벼주세요.

6
김에 밥을 넓게 깐 다음 상추 올리고 비
빔 참치 듬뿍 얹어 돌돌 말아주면 완성
입니다.

숙이네 꿀팁

• 참치가 듬뿍 들어가 김이 터질 수 있으니 김을 추가로 붙여 사용하세요.
• 상추 대신 다양한 쌈채소를 이용해도 됩니다.
• 매운 참치 비빔은 그대로 밥에 얹어 먹어도 맛있어요.

82

계란밥말이

계란에 밥을 넣어 한방에 구워 만든 밥 대용 계란말이

이 레시피는 계란말이 속에 밥이나 김밥을 넣은 계란말이 시리즈 중 하나로, 밥을 아예 계란 물에 넣어 함께 구운 김 없는 김밥이랍니다. 비슷한 방법으로 밥전이 있죠. 밥전에서 아이디어를 얻어 만들었는데 계란에 밥을 넣어 굴린 모양이 예쁘게 나와서 만족했어요. 다른 계란말이 김밥은 계란 옷과 밥이 각자의 개성을 드러냈다면 이 레시피는 중식 볶음밥처럼 밥과 계란이 조화를 이루는 게 매력이에요. 계란말이와 밥을 따로 먹을 필요 없이 이거 하나면 한 끼 해결이라 정말 편해요.

재료

계란 4개, 당근 반 개,
대파 30g, 밥 1.5공기, 식용유

계란 양념

참치액 1T, 소금 2꼬집,
참기름 1T

1
대파는 두 번 갈라 잘게 다지고, 당근은
채 썰어 잘게 다져주세요.

2
계란 3개에 참치액 1T, 소금 2꼬집, 참기
름 1T 넣고 섞은 다음 당근과 대파를 넣
고 다시 한번 잘 섞어주세요.

3
계란 물에 밥 1.5공기를 넣고 골고루 섞
어주세요.

4
기름 둘러 달군 팬에 계란밥을 넓게 펼
쳐 약불로 익히다가 돌돌 말아주세요.

5
계란 1개를 더 풀어 프라이팬 끝에 조금
씩 부어가며 밥을 돌돌 말아주세요.

6
계란말이 밥을 한 김 식혀 모양을 잡아가
며 한 입 크기로 썰어주면 완성입니다.

숙이네 꿀팁

• 치즈를 추가해도 맛있어요.
• 밥전으로 구워 먹어도 맛있어요.
• 김을 추가해서 말아도 좋아요.

···83···

매운어묵무침꼬마김밥

어묵을 볶지 않고 뜨거운 물에 데쳐 매콤한 양념에 무쳐 만든 꼬마김밥

지금까지 어묵 볶음은 팬으로 만드는 줄만 알고 계셨던 분들 주목해주세요. 데친 어묵을 양념에 무쳐 만들면 팬 없이도 어묵 요리가 가능하답니다. 사실 어묵 김밥은 어디에 넣어도 다 맛있잖아요. 그래서 이번 김밥은 만들기 전부터 맛있을 줄 알았다니까요. 매운 어묵을 여기저기 활용할 수 있는 방법을 소개할 수 있어 기쁘기도 하고요. 들어가는 양념이랑 조리법이 살짝 다른 만큼 볶음 어묵과는 다른 맛이라 색다르게 즐길 수 있어요.

12개 분량 재료

어묵 5장(250g), 대파 30g,
김밥 김 3장, 단무지 1줄

어묵 무침 양념장

고춧가루 2T, 간장 2T, 멸치액젓 1T(또는
참치액), 올리고당 1T, 알룰로스 2T,
참기름 1T, 고추장 1T(선택),
다진 마늘 1/2T, 통깨

밥 양념

밥 2공기, 소금 2꼬집,
참기름 2T, 통깨

1 사각 어묵은 채 썰어 끓는 물에 1~2분간
데쳐주세요.

2 대파는 반을 갈라 잘게 다져주세요.

3 고춧가루 2T, 간장 2T, 멸치액젓 1T, 올
리고당 1T, 알룰로스 2T, 참기름 1T, 고추
장 1T(선택), 다진 마늘 1/2T, 통깨 넣고
잘 섞어주세요.

4 양념장에 어묵과 대파를 넣고 무쳐주
세요.

5 밥 2공기에 소금 2꼬집, 참기름 2T, 통
깨 넣고 비벼주세요.

6 4등분한 김에 밥을 깔고 어묵 무침과 단
무지 올려 돌돌 말아주세요.

숙이네 꿀팁

• 고춧가루를 빼고 간장만 넣어 맵지 않게 무쳐도 맛있어요.
• 어묵 무침에 청양고추를 다져 넣으면 더 매콤하게 즐길 수 있습니다.
• 남은 어묵 무침은 반찬으로 드세요.

84

초간단원팬김밥

김밥 재료를 팬 하나에 넣고 밥까지 볶아 재료 준비 과정을 확 줄인 초간단 김밥

사실 김밥은 재료를 하나하나 준비해야 하는, 손과 시간이 많이 가는 번거로운 음식입니다. 그런 만큼 자주 해먹기가 꽤 부담스럽지요. 그런데 모든 재료를 한 번에 넣고 밥까지 함께 볶아 김밥으로 말면 조리 시간을 크게 줄일 수 있어요. 원 팬 토스트나 원팬 파스타처럼 팬 하나로 한 번에 조리하는 요리가 인기인데, 김밥도 팬 하나로 간단하게 만들면 자주 먹을 수 있는 거죠. 신기하게도 김밥 맛과 싱크로율이 상상 이상이라 아주 만족했습니다.

2줄 분량 ⟨ 재료 ⟩

당근 반 개, 김밥 햄 4줄, 크래미 2개,
밥 2공기, 계란 2개, 간장 1T, 참기름
1T(밥 볶음용), 김밥 김 2장, 단무지 2줄,
소금 1꼬집, 참기름, 통깨, 식용유

1
당근은 채 썰어주고, 김밥 햄은 반으로
잘라주세요.

2
기름 둘러 달군 팬에 당근 채 넣고 소금
뿌려 볶다가 햄을 넣고 볶아주세요.

3
쭉쭉 찢은 크래미를 추가하여 볶다가
밥 2공기, 계란 2개, 간장 1T, 참기름 1T
넣어 볶음밥을 만들어주세요.

4
볶음밥에 깨를 갈아 넣은 뒤 한 김 식혀
주세요.

5
김에 볶음밥을 넓게 깐 다음 단무지 1줄
얹어 돌돌 말아주세요.

6
참기름 바르고 통깨 뿌려 먹기 좋게 자
르면 완성입니다.

숙이네 꿀팁

· 양파, 애호박, 시금치, 새우, 어묵 등 좋아하는 재료를 넣어도 맛있어요.
· 치즈를 추가해도 맛있어요.
· 같은 재료로 작게 꼬마김밥으로 만들어도 좋아요.
· 당근을 썰 때 필러를 이용하면 편리해요.

85

스팸스크램블꼬마김밥

길쭉한 스팸과 스크램블드에그로 맛은 살리고 과정은 줄인 꼬마김밥

스팸과 계란은 어떻게 조합해도 잘 어울리지요. 그런데 지단용 계란을 부치고 모양이 잘 잡힌 계란말이를 만드는 게 생각보다 쉬운 일은 아닙니다. 어느 정도 연습이 되어야 가능한 조리법이라 초보자가 도전하기에는 약간 부담이 되는 게 사실이죠. 그런 분들을 위해 진짜 쉬운 레시피를 알려드리고 싶었어요. 그렇게 방법을 고민한 끝에 나온 김밥으로, 특별한 기술 없이도 누구나 만들 수 있습니다. 김밥 속에 재료를 넣었기 때문에 모양이 예쁘지 않아도 되고, 계란이 들어간 지라 맛은 보장되니 부족한 요리 실력을 감추기에 딱이지요.

12개 분량　　재료

스팸 1캔(340g), 계란 4개,
김밥 김 3장, 치즈 1장(선택),
식용유

스크램블드에그 양념

올리고당 1/2T,
소금 3꼬집, 후추

밥 양념

밥 2공기, 소금 2꼬집,
참기름 2T, 통깨

1
스팸은 뜨거운 물에 데쳐 스틱 모양으
로 썰어주세요.

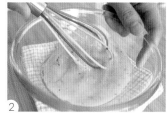

2
계란 4개에 올리고당 1/2T, 소금 3꼬집,
후추 넣고 섞어주세요.

3
달궈진 팬에 스팸을 올려 노릇하게 구
워주세요.

4
기름 둘러 달군 팬에 계란 물을 부어 스
크램블드에그를 만들어주세요.

5
밥 2공기에 소금 2꼬집, 참기름 2T, 통
깨 넣고 비벼주세요.

6
4등분한 김에 밥을 얇게 깔고 스팸과 스
스크램블드에그, 치즈(선택) 올려 돌돌
말아주면 완성입니다.

숙이네 꿀팁

• 계란을 지단으로 부치거나 계란말이로 만들어 넣어도 좋아요.
• 스팸을 좀 더 얇게 썰어도 좋아요
• 마요네즈에 찍어 먹어도 맛있어요.

- 기본 김밥 -

86

배추무침어묵김밥

김치 대신 배추 무침을 넣고 어묵과 깻잎을 더해 만든 별미 김밥

이 김밥을 만들 즈음에는 배추가 제철이라 마트에 배추가 가득했어요. 보기만 해도 마음이 풍성해지는 모습을 보고 있으려니 한 통 집어오지 않을 수 없었죠. 배추를 활용한 메뉴는 무척 많은데, 김치 대신 배추를 익혀 무친 것을 김밥에 넣으면 맛있을 것 같다는 생각이 들더라고요. 김치김밥에서 아이디어를 얻은 거죠. 언젠가 한정식 집에서 먹은 배추 무침을 떠올리며 배추를 무쳤고, 그걸 그대로 김밥에 넣어 돌돌 말았어요. 역시나 새로우면서도 흔하지 않은 맛이 탄생했어요. 된장찌개를 끓여 함께 먹으니 몸이 더 풍성해지는 기분이었답니다.

재료	배추 무침 양념	어묵 볶음 소스	밥 양념
배춧잎 6장, 깻잎 8장, 사각 어묵 2장, 김밥 김 2장, 식용유	된장 1T, 고춧가루 1T, 다진 마늘 1T, 올리고당 1T	간장 1T, 맛술 1T, 참치액 1T, 올리고당 1T, 물 3T, 깨	밥 2공기, 소금 2꼬집, 참기름 2T, 통깨

1 배추는 꼭지를 잘라 잎을 떼어낸 뒤 식초물에 헹구고, 깻잎은 꼭지를 잘라 준비해주세요.

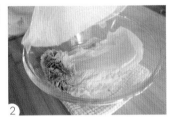

2 배추를 내열용기에 넣어 뚜껑을 덮어 전자레인지에 5분간 돌려 찬물에 씻어 손으로 짜주세요.

3 배춧잎을 손으로 쭉쭉 찢어 된장 1T, 고춧가루 1T, 다진 마늘 1T, 올리고당 1T 넣고 무쳐주세요.

4 기름 둘러 달군 팬에 자른 어묵을 볶다가 물 3T를 넣고 조금 더 볶아 간장 1T, 맛술 1T, 참치액 1T, 올리고당 1T 넣고 조려 통깨를 뿌려주세요.

5 밥 2공기에 소금 2꼬집, 참기름 2T, 통깨 넣고 비벼주세요.

6 김에 밥을 깐 다음 깻잎 놓고 그 위에 어묵 볶음과 배추 무침 올려 돌돌 말아주세요.

숙이네 꿀팁

• 배추 대신 양배추를, 배추 무침 대신 김치를 넣어도 맛있어요.
• 배추 무침에서 고춧가루를 빼고 맵지 않게 무쳐도 맛있어요.
• 어묵에 청양고추와 고춧가루를 넣어 매콤하게 만들어 즐겨도 좋습니다.

87
햄지단참치롤

슬라이스 햄과 계란 지단을 한 번에 구워 참치주먹밥을 말아 만든 반줄 김밥

이 김밥은 '토스트에 들어가는 재료를 김밥으로 말아보면 어떨까?'라는 발상으로 만든 김밥 시리즈 가운데 하나입니다. 슬라이스 햄에 계란 물을 부어 한 번에 구워서 간편하게 주먹밥을 말아봤어요. 익히 알고 있던 요리에 김밥을 접목하여 신선한 요리로 탄생시킨 거죠. 김 띠에 두른 모양이 유독 예뻐서였을까요. 숙이네키친 구독자님들의 반응도 좋아서 더 뿌듯했답니다.

8개 분량

재료

참치 1캔(135g), 계란 4개, 대파 30g,
슬라이스 햄 8장, 김밥 김 1장,
소금 2꼬집, 식용유

참치 샐러드 소스

단무지 2줄, 마요네즈 4T,
설탕 1T, 소금 2꼬집, 후추

밥 양념

밥 2공기, 참기름 1T, 깨

1

계란 4개에 소금 2꼬집, 다진 대파 넣고
잘 섞어주세요.

2

기름 둘러 달군 팬에 계란 물을 붓고 햄
을 얹어 약불로 굽다가 뒤집개로 지단
에 가로 세로 금을 그어 4등분한 뒤 익
혀주세요.

3

기름 뺀 참치에 다진 단무지를 넣고 마
요네즈 4T, 설탕 1T, 소금 2꼬집, 후추와
함께 섞어주세요.

4

참치 샐러드에 밥 2공기, 참기름 1T, 갈
은 깨 넣고 골고루 섞어 길쭉한 주먹밥
을 만들어주세요.

5

햄이 아래쪽으로 가도록 지단을 마름모로
놓은 뒤 길게 네 번 접어 자른 김 띠 1장을
올려주세요.

6

지단 끝에 김을 붙인 다음 주먹밥 올려
돌돌 말아주면 완성입니다.

숙이네 꿀팁

· 슬라이스 햄 대신 사각 햄이나 스팸을 잘라 올려도 맛있어요.
· 주먹밥에 김가루나 김자반을 넣으면 더 맛있습니다.

· 무스비 김밥 ·

(88) 크래미버터구이**김밥**

크래미를 납작하게 눌러 버터에 구운 것을 김밥에 넣어 만든 풍미 가득 김밥

어느 날 레시피 영상을 보고 있는데 크래미를 납작하게 눌러 버터를 발라 에어프라이어에 굽는 장면이 나왔어요. 버터를 좋아하는 저에게는 매우 인상적이었죠. 버터구이 오징어처럼 풍미가 좋겠구나 싶은 동시에 김밥에도 잘 어울리겠다는 생각이 들었어요. 그래서 바로 만들었죠. 다만 저는 크래미를 에어프라이어가 아닌 프라이팬에 구워 직화 느낌을 살렸어요. 세상에 없던 김밥이 탄생했는데, 크래미 하나로 훌륭한 요리가 만들어졌다는 생각에 행복했답니다.

재료

크래미 6개, 치즈 1~2장,
김밥 김 2장, 버터 20g

밥 양념

밥 2공기, 소금 2꼬집,
참기름 2T, 깨

1
바닥이 넓적한 컵을 이용해 크래미를
눌러주세요.

2
달궈진 팬에 버터를 넉넉히 녹여 크래
미를 구워주세요.

3
밥 2공기에 소금 2꼬집, 참기름 2T, 갈
은 깨 넣고 비벼주세요.

4
김은 길게 두 번 접어 3등분해주세요.

5
김에 밥을 넓게 깔고 크래미 올려 세 번
접어주세요.

6
치즈를 추가하여 크래미버터치즈김밥
으로 만들어 먹어도 맛있어요.

숙이네 꿀팁

• 크래미를 누를 때 바닥이 넓적한 컵을 사용하면 편해요.
• 크래미는 게맛살, 크래미, 크랩스 종류는 상관없이 모두 맛있어요.
• 밥에 단무지를 다져 넣거나 오이 슬라이스를 절여 넣으면 더 맛있어요.

89
고추장참치계란말이밥

계란말이 속에 고추장 비빔밥과 참치마요를 넣어 돌돌 말은 김 없는 김밥

고추장 비빔밥과 참치가 떼려야 뗄 수 없는 관계라는 건 모두가 인정하실 거예요. 밥에 참치만 넣어 비벼 먹어도 맛있는
데 이렇게 참치마요를 넣어 먹으면 말할 것도 없이 더 맛있겠죠? 실제로 저는 이 조합을 조미 김에 싸서 자주 먹었어요.
그러던 어느 날 따뜻한 계란과 함께 먹고는 바로 유레카를 외쳤답니다. 계란말이로 비빔밥을 마는 게 쉽지는 않지만 약
불에 천천히 익히면서 말면 성공할 수 있어요. 계란말이와 밥을 한 번에 즐길 수 있는 고추장참치계란말이밥 함께 도전
해 보아요.

재료

참치 1캔(135g), 계란 2개,
소금 2꼬집, 식용유

참치마요 소스

마요네즈 2T, 올리고당 1T, 후추

비빔밥 양념

밥 1공기, 고추장 1T, 간장 1/2T,
물엿 1/2T, 참기름 1T, 통깨

1 기름 뺀 참치에 마요네즈 2T, 올리고당 1T, 후추 넣고 섞어주세요.

2 밥 1공기에 고추장 1T, 간장 1/2T, 물엿 1/2T, 참기름 1T, 통깨 넣고 비벼주세요.

3 고추장 비빔밥을 랩에 싸서 길쭉하게 만들어주세요.

4 계란 2개에 소금 2꼬집 넣고 섞어 달궈진 팬에 약불로 익히다 밥과 참치마요를 올려주세요.

5 끝에서부터 돌돌 말아 계란말이를 만들어주세요.

6 팬에서 꺼낸 계란말이를 한 김 식혀 한입 크기로 썰어주면 완성입니다.

숙이네 꿀팁

• 밥과 참치의 양을 조금 줄이면 계란말이가 좀 더 수월합니다.
• 밥과 참치를 김에 한 번 말아서 넣는 것도 방법이에요.
• 비빔밥과 참치마요를 조미 김에 싸먹어도 맛있어요.

90
땡초스팸넓적김밥

간장에 조린 땡초를 밥에 비벼 노릇하게 구운 스팸 올려 돌돌 말은 넓적 김밥

스팸과 땡초의 조합이라면 어떻게 만들어도 다 맛있어요. 그래서 저도 이 두 가지 재료를 다양하게 조합하고 있답니다.
김밥은 스팸을 어떻게 사용하느냐에 따라 모양이 달라져요. 스틱 모양은 물론 잘게 으깨거나 깍둑썰기해서 이용할 수도
있고, 땡초스팸넓적김밥처럼 넓적하게 썰어 이용할 수도 있죠. 저는 이렇게 스팸을 다양한 모양으로 변형해서 평소와
다르게 먹는 게 너무 흥미롭고 재미있어요. 스팸 모양대로 넓적하게 잘라 돌돌 말아 먹는 김밥, 매력적이지 않나요?

2줄 분량

재료

스팸 1캔(200g), 청양고추 5개,
김밥 김 2장, 식용유

땡초 조림 소스

간장 1T, 참치액 1T,
맛술 1T, 올리고당 1T

밥 양념

밥 2공기, 참기름 2T, 통깨

1
스팸은 꺼내서 5등분한 뒤 뜨거운 물에
데쳐 팬에 노릇하게 구워주세요.

2
청양고추는 다져서 기름 둘러 달군 팬
에 볶다가 간장 1T, 참치액 1T, 맛술 1T,
올리고당 1T 넣고 조려주세요.

3
밥 2공기에 간장에 조린 땡초를 넣고 참
기름 2T, 통깨 뿌려 골고루 비벼주세요.

4
김에 땡초비빔밥을 골고루 깐 다음 스
팸 2개 나란히 얹어 돌돌 말아주세요.

5
넓적김밥이라는 이름에 맞게 넓적하게
모양을 잡아주세요.

6
김밥에 참기름을 바르고 통깨 뿌려 한
입 크기로 썰어주면 완성입니다.

숙이네 꿀팁

• 스팸을 잘게 자르거나 으깨서 구운 다음 밥에 섞어 사용해도 좋아요.
• 기호에 따라 단무지나 당근, 계란 지단, 오이를 추가해도 좋아요.
• 스팸의 짠맛이 부담스럽다면 저염 햄으로 대체해도 됩니다.
• 청양고추 대신 풋고추나 오이고추를 넣어도 됩니다.

⑨1
햄크래미꽁다리**김밥**

살짝 튀어나온 슬라이스 햄 꽁다리가 눈과 입을 자극하는 비주얼 김밥

이 김밥은 서울 유명 김밥 집의 대표작을 응용해서 만들었답니다. 사실 김밥의 꽃은 꽁다리 아니겠어요? 그런데 김을 3등 분해서 말면 꽁다리김밥을 무한히 만들 수 있어요. 그러니 이 김밥만 있으면 서로 꽁다리를 먹겠다며 다툴 일은 없는 거죠. 취향에 맞게 속재료를 다양하게 넣으면 더 좋은데, 이렇게 만들면 자극적이지 않아 아이 입맛에도 딱이더라고요. 게 다가 조리 과정 중에 불을 쓰지 않아 안전하기도 하고요. 맛은 물론이고 예쁘기까지 하니 먹는 재미와 보는 즐거움을 동 시에 경험할 수 있답니다.

재료

슬라이스 햄 9장, 크래미 3개,
단무지 5줄, 치즈 4장(선택),
김밥 김 3장

크래미 샐러드 소스

마요네즈 2T, 고추냉이 1/3T,
올리고당 1T, 소금 2꼬집, 후추

밥 양념

밥 2공기, 소금 2꼬집,
참기름 2T, 깨

1 크래미는 쭉쭉 찢어 마요네즈 2T, 고추
냉이 1/3T, 올리고당 1T, 소금 2꼬집, 후
추 뿌려 섞어주세요.

2 단무지는 반을 잘라 준비해주세요.

3 밥 2공기에 소금 2꼬집, 참기름 2T, 갈
은 깨 넣고 비벼주세요.

4 김은 길게 두 번 접어 3등분해주세요.

5 김 3장을 나란히 놓은 뒤 밥을 3/4 지점
까지 깔고 슬라이스 햄, 단무지, 크래미
샐러드 얹어 돌돌 말아주세요.

6 치즈를 추가하여 햄크래미치즈꽁다리
김밥으로 만들어 먹어도 맛있어요.

숙이네 꿀팁

• 크래미 샐러드는 생략해도 좋아요.
• 크래미 대신 참치로 샐러드를 만들어 이용해도 좋아요.
• 채 썬 계란 지단을 넣어도 맛있어요.

92
콩나물밥김밥

전자레인지로 만든 초간단 콩나물밥을 그대로 김에 말은 알뜰 김밥

그냥 먹어도 맛있지만 김에 싸먹으면 더 꿀맛인 반찬이 몇 가지 있어요. 콩나물밥도 그중 하나인데, 조미 김에 싸먹어도 맛있고 살살 구운 맨김에 싸먹어도 그만이지요. 그런데 콩나물밥은 왠지 조리 방법이 어려울 것 같아 자주 만들지 않게 되더라고요. 오늘은 집 앞 마트에 갔다가 콩나물이 눈에 딱 띄어 저도 모르게 한 봉 집어왔어요. 이걸 어떻게 먹으면 잘 먹을 수 있을까 고민하다 간만에 콩나물밥을 지어 김밥으로 말아보기로 했어요. 밥을 짓는다는 말이 무색하게 전자레인지에 5분만 돌리면 콩나물밥 완성이니 걱정 마세요. 단순히 김에 싸먹던 것과는 다른 색다른 맛을 경험하게 될 거예요.

재료

콩나물 1/2봉, 밥 1공기,
김밥 김 2장, 단무지 2줄

간장 양념

간장 2T, 고춧가루 1/3T, 설탕 1/2T,
대파 반 개, 다진 마늘 1/3T,
참기름 1T, 깨

1

밥 1공기에 콩나물 한 줌을 얹어주세요.

2

그릇에 랩을 씌우고 구멍 뚫어 전자레
인지에 5분간 돌려주면 콩나물밥 완성
입니다.

3

간장 2T, 고춧가루 1/3T, 설탕 1/2T, 대파
반 개 다진 것, 다진 마늘 1/3T, 참기름
1T, 깨 넣고 섞어주세요.

4

콩나물밥에 간장 양념을 부어 골고루
비벼주세요.

5

김밥용 김에 콩나물밥을 넓게 깔고 단
무지 얹어 돌돌 말아주면 완성입니다.

숙이네 꿀팁

· 밥이 없을 때는 즉석밥을 이용해도 됩니다.
· 매콤하게 즐기고 싶은 분들은 간장 양념에 청양고추를 다져 넣으세요
· 아이들과 함께 먹을 때는 고춧가루를 빼도 됩니다.

93

대파슬라이스햄 김밥

대파를 넣은 계란 물과 슬라이스 햄을 한방에 구워 번거로운 과정을 줄인 초간단 김밥

이 김밥은 팬에 재료를 한방에 구워 번거로운 준비 과정을 확 줄인 게 매력이에요. 원팬으로 토스트를 만드는 것을 보다가 아이디어를 얻었어요. 제가 어렸을 때 저희 아버지는 동대문에서 가게를 하셨어요. 가게에 따라가는 날이면 아버지는 늘 제게 갓 구운 토스트를 사주셨지요. 계란 물에 대파만 섞어 구운 것을 빵 사이에 끼워 넣은 게 어찌나 맛있었던 지……. 그때의 기억이 그리워 저도 계란에 대파를 다져 넣었답니다. 아마 대파를 빼고 만들었다면 아쉬웠을 거예요.

재료

슬라이스 햄 8장, 대파 30g,
계란 4개, 단무지 4줄, 치즈 2장(선택),
김밥 김 3장, 소금 2꼬집, 식용유

밥 양념

밥 2공기, 소금 2꼬집,
참기름 2T, 깨

1 계란 4개에 다진 대파, 소금 2꼬집 뿌려 섞어주세요.

2 달궈진 팬에 햄을 넣어 굽다가 계란 물을 부어 약불로 익힌 다음 뒤집개로 지단 가운데를 잘라 4등분해주세요.

3 밥 2공기에 소금 2꼬집, 참기름 2T, 갈은 깨 넣고 비벼주세요.

4 김에 밥을 넓게 깐 다음 가위로 3등분해주세요.

5 김에 햄지단과 반으로 자른 단무지 올려 돌돌 말아주세요.

6 치즈를 추가하여 대파슬라이스치즈햄 김밥으로 만들어 먹어도 맛있어요.

숙이네 꿀팁

• 슬라이스 햄 대신 사각 햄이나 스팸을 잘라 올려도 맛있어요.
• 대파 대신 당근이나 양파 등 좋아하는 채소를 넣어보세요.
• 반줄 김밥이 아닌 한줄 김밥으로 말아도 맛있어요.

· 유부롤 ·

(94)

당근지단유부롤

펼친 유부 위에 노란 지단 놓고 당근 채 얹어 돌돌 말아 만든 알록달록 다이어트 유부롤

신혼 시절, 저희 부부는 일주일에 한두 번은 꼭 유부초밥을 해먹었어요. 하지만 아이를 낳은 뒤로는 조금 달라졌죠. 아이가 좋아하지 않는 메뉴다 보니 예전만큼 자주 해먹지 않게 된 거예요. 그렇다고 좋아하는 메뉴를 포기할 순 없잖아요. 게다가 그 시절에는 길고 넓적한 유부가 없었는데 어느 순간 김밥처럼 돌돌 말아 먹을 수 있는 큰 유부가 나오더라고요. 유부에 밥을 올려 돌돌 말아 먹으면 얼마나 맛있게요. 밥을 넣지 않고 저칼로리 다이어트 메뉴로 만들 수도 있고요. 지단의 노란색과 당근의 주황색이 눈을 사로잡는 동시에 아삭함과 부드러움을 한 번에 느낄 수 있는 레시피를 소개합니다.

재료

초밥용 유부 1봉, 당근 1개, 계란 4개,
단무지 4줄(선택), 조미 김 2장,
소금 5꼬집, 식용유

1 당근은 채 썰고 단무지는 반을 잘라 준 비해주세요.

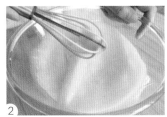

2 계란 4개에 소금 2꼬집 뿌려 섞어주세요.

3 기름 둘러 달군 팬에 당근 채 넣고 소금 3꼬집 뿌려 볶아주세요.

4 기름 둘러 달군 팬에 계란 물을 붓고 약 불로 구워 한 김 식힌 뒤 반으로 잘라주 세요.

5 조미 김은 4등분하고, 유부는 손으로 국 물을 꼭 짜주세요.

6 유부 위에 조미김, 지단, 당근 채, 단무지 순서로 올려 돌돌 말아주세요.

숙이네 꿀팁

• 크래미 샐러드나 참치마요를 넣어도 맛있어요.
• 단촛물에 비빈 밥을 추가해도 맛있어요.
• 유부 대신 김밥용 김에 말아 드셔도 좋아요.

95
상추치즈무스비김밥

스팸을 간장 소스에 조려 상추와 치즈를 더해 스팸 모양대로 접어 만든 꼬마김밥

숙이네키친 단골 김밥 메뉴 중에 하나인 스팸김밥이에요. 스팸을 간장 양념에 조려 달콤 짭조름한 맛을 살리고 상추와 치즈를 추가해 색감과 모양은 물론 맛까지 한 번에 잡은, 그래서 자랑하고픈 김밥이지요. 스팸과 상추의 조합은 이번에도 매력을 뿜뿜 발산하네요. 참, 치즈 대신 계란을 넣어도 맛있어요. 어떤 것을 넣느냐에 따라 맛이 달라지니 원하는 재료를 넣어 즐겨보세요.

재료

스팸 1캔(200ml), 상추 5장,
치즈 3장, 김밥 김 2장, 식용유

스팸 조림 소스

간장 1T, 맛술 1T, 참치액 1T,
참기름 1T, 설탕 1T, 물 3T

밥 양념

밥 2공기, 소금 2꼬집,
참기름 2T, 통깨

1
상추는 깨끗이 씻어 물기를 제거한 뒤
반으로 자르고, 스팸은 5등분해서 뜨거
운 물에 데쳐주세요.

2
스팸을 팬에 올려 뒤집어가며 노릇하게
구워주세요.

3
간장 1T, 맛술 1T, 참치액 1T, 참기름 1T,
설탕 1T, 물 3T를 섞어 소스를 만들어 스
팸과 함께 조려주세요.

4
밥 2공기에 소금 2꼬집, 참기름 2T, 통
깨 뿌려 비벼주세요.

5
김에 밥을 깐 뒤 가위로 3등분해주세요.

6
밥에 상추, 스팸, 치즈 순서로 올려 돌돌
말아주세요.

숙이네 꿀팁

• 스팸을 조리는 과정은 생략해도 좋아요.
• 치즈는 기호에 따라 생략해도 됩니다.

96
통오이그대로김밥

오이 하나를 그대로 촛물 밥에 말아 땡초 된장을 얹어 먹는 별미 김밥

한때 유명 연예인 한 분이 자신의 유튜브에 오이 한 개를 통째로 넣은 김밥을 선보여 화제가 되었죠. 그때 레시피가 정확하게 나오지 않아 제가 만들어 보았습니다. 사실 저는 처음에 김밥에 오이 한 개를 통째로 넣는다는 것 자체가 꽤나 신선했어요. 과연 맛있을까 하는 의문도 들었죠. 그렇게 반신반의하며 만들었는데 웬걸 걱정과 의심이 무색할 정도로 맛있더라고요. 왜 많은 분들이 열광하는지, 따라서 만들어 먹는지 알 수 있을 정도로요. 김밥만 먹으면 단조로웠을 텐데 땡초 된장을 얹은 게 최고의 한 수였습니다. 땡초 된장 대신 초고추장이나 마요 소스에 찍어 먹어도 맛있으니 기호에 맞게 선택하세요.

2줄 분량

재료

오이 2개, 밥 1공기, 김밥 김 2장,
청양고추 2개, 소금(오이 세척용)

땡초 된장 양념

된장 1T, 매실액 2T,
참기름 1T, 통깨

단촛물

식초 3T, 물 2T,
설탕 1T, 소금 2꼬집

1 오이는 소금으로 문질러 씻은 다음 쓴 맛 나는 양끝을 자른 뒤 듬성듬성 껍질을 벗겨주세요.

2 청양고추는 꼭지를 따서 두 번 갈라 잘게 다져주세요.

3 된장 1T, 다진 청양고추, 매실액 2T, 참기름 1T, 통깨를 넣고 섞어 땡초 된장을 만들어주세요.

4 식초 3T, 물 2T, 설탕 1T, 소금 2꼬집을 섞어 단촛물을 만들어 밥 1공기에 비벼주세요.

5 김 위에 밥을 얇게 깔고 오이 하나를 통째로 올려 돌돌 말아주세요.

6 한 입 크기로 썰어 땡초 된장 얹으면 완성입니다.

숙이네 꿀팁

• 더 매콤한 걸 원하시면 된장에 고춧가루를 넣으세요.
• 청양고추 대신 풋고추나 오이고추를 사용하세요.
• 밥을 숟가락으로 펴면 얇게 잘 펴져요.
• 매실액 대신 설탕이나 올리고당을 사용해도 됩니다.

97

동글동글계란찜김밥

전자레인지로 계란찜을 만들어 동그랗게 말아 만든 불 없는 김밥

동그란 계란말이를 넣은 보름달김밥을 소개한 적이 있는데 반응이 엄청났어요. 동글동글 노란 계란이 김밥 속에 쏙 들어간 모양이 예쁘고 맛도 좋았거든요. 특히 계란은 다양한 형태로 조리가 가능한 데다 맛과 영양이 좋아 냉장고에 항상 들어 있잖아요. 저희 집도 예외는 아니에요. 게다가 저희 집은 평소에 계란찜을 자주 만들어 먹는답니다. 동글동글계란찜김밥은 여기서 아이디어를 얻었어요. 길이가 긴 내열 용기에 계란 물을 넣으니 길이도 딱 맞았고 김발에 말아놓으니 모양도 잘 잡혔어요. 5분이면 완성되는 전자레인지 계란찜을 김에 돌돌 말기만 하면 되니 요리 시간은 10분 미만. 놀라운 것은, 계란말이김밥과 비슷한 맛이 날 거라 생각했는데 그렇지 않아서 더 재밌었답니다.

2줄 분량

재료

계란 5개, 김밥 김 2장

계란찜 양념

참치액 1T, 맛술 1T, 올리고당 1T,
참기름 1T, 소금 2꼬집, 물 4T

밥 양념

밥 2공기, 소금 2꼬집,
참기름 2T, 깨

1
계란 5개를 깨서 넓적하고 긴 내열 용기에 넣은 다음 참치액 1T, 맛술 1T, 올리고당 1T, 참기름 1T, 소금 2꼬집, 물 4T 넣고 잘 풀어주세요.

2
용기에 랩을 씌워 구멍을 뚫은 뒤 전자레인지에 5분간 돌려주세요.

3
계란찜을 만들어 그릇 가장자리부터 떼어낸 뒤 그릇을 뒤집어주세요.

4
계란을 길게 반으로 잘라 김발에 동그랗게 말아 고무줄로 고정해주세요.

5
밥 2공기에 소금 2꼬집, 참기름 2T, 갈은 깨 넣고 비벼주세요.

6
김에 밥을 깔고 김발에 말아놓은 계란 올려 돌돌 말아주세요.

숙이네 꿀팁

• 맛술이나 참치액은 없으면 생략해도 됩니다.
• 계란찜 대신 계란말이를 만들어 넣어도 맛있어요.
• 계란에 김 반 장을 더 둘러줘도 좋아요.

98

접는참치마요삼각김밥

랩 위에 김과 밥을 놓고 참치마요 얹어 랩을 접어 만든 초간단 삼각김밥

수많은 김밥을 말아왔지만 이 김밥만큼 쉬운 건 없다고 자신 있게 말할 수 있습니다. 과정이라고 할 것도 없이 밥에 속
재료 올리고 딱 접기만 하면 되거든요. 속에 어떤 재료를 넣느냐에 따라 맛과 영양이 달라지니 각자의 입맛과 취향에 맞
는 재료를 넣어보세요. 게다가 요즘 밀프랩이 유행인데 전자레인지에 사용 가능한 랩을 쓰면 대량으로 만들어 놓고 먹
을 수도 있어요. 얼려서 저장해 놓았다가 시간이 없거나 급히 나가야 할 때 살짝 돌려서 먹으면 금방 속이 든든해진답니
다. 그러니 바로 지금 시간 있을 때 만들어 놓으세요.

216

4개 분량 재료

참치 1캔(135g), 밥 2공기,
조미 김 1~2장

참치마요 소스

마요네즈 2T, 올리고당 1T,
소금 2꼬집, 후추

1 참치는 숟가락으로 꾹 눌러 기름을 제거
해주세요

2 참치에 마요네즈 2T, 올리고당 1T, 소금
2꼬집, 후추 뿌려 섞어주세요.

3 조미 김은 길게 3~4등분해주세요.

4 랩을 깐 뒤 조미 김 올리고 밥을 도톰하
게 펴준 다음 참치마요 듬뿍 올려주세요.

5 랩 끝을 잡고 반으로 접어 둥그렇게 뭉
쳐주면 완성입니다.

숙이네 꿀팁

• 접착력 있는 랩을 사용할 때는 조미 김을 사용하세요. 그렇지 않으면 김이 랩에 붙어요.
• 김밥용 김, 재래 김, 곱창 김을 사용하실 땐 접착력 없는 랩을 사용하세요.
• 밥에 후리카케를 뿌리면 더 맛있어요.
• 대량으로 만들어 냉동 보관하면 밀프랩이 됩니다.

· 무스비 김밥 ·

99
프라이참치비빔김밥

고추장 참치 비빔밥에 계란프라이 얹어 넓적하게 말아 먹는 별미 김밥

한국인이라면 누구나 어릴 때 양푼에 재료 가득 넣고 고추장 척 얹어 비벼먹어 본 경험이 있을 거예요. 전 계란프라이 얹은 고추장 비빔밥에 빠져 한때 매일 그것만 먹기도 했답니다. 제가 이 이야기를 하니 남편이 자기는 참치까지 넣어 비벼먹었다고 자랑하지 않겠어요. 그러면서 이걸 김밥으로 말아보자고 아이디어를 주더라고요. 계란을 어떻게 넣어야 추억의 그 맛이 날까 고민하다가 계란프라이를 김밥 사이즈에 맞게 모양을 잡아 구우면 통째로 넣을 수 있다는 데 생각에 미쳤습니다. 그렇게 탄생한 프라이참치비빔김밥을 소개합니다.

5개 분량 **재료**

계란 5개, 참치 1캔(135g),
김밥 김 2장, 소금, 식용유,
치즈 3장(선택)

밥 양념

밥 2공기, 고추장 2T,
마요네즈 2T, 참기름 2T, 깨

1 참치 캔을 따서 체에 부은 뒤 꾹꾹 눌러 기름을 빼주세요.

2 밥 2공기에 기름 뺀 참치를 올린 뒤 고추장 2T, 마요네즈 2T, 참기름 2T, 갈은 깨 넣고 섞어주세요.

3 기름 넉넉히 둘러 달군 팬에 계란 5개 넣고 소금 뿌려 구워주세요.

4 김밥 김은 접어서 3등분해주세요.

5 김에 참치비빔밥 얇게 깔고 계란프라이 얹어 넓적하게 말아주세요.

6 치즈를 추가하여 프라이참치치즈비빔김밥으로 만들어 먹어도 맛있어요.

숙이네 꿀팁

• 계란을 지단이나 스크램블로 만들어 넣어도 맛있어요.
• 김밥이 아닌 비빔밥으로 먹어도 맛있어요.
• 김밥 김 대신 조미 김으로 말아도 됩니다.

100
고추장스팸꼬마김밥

바삭하게 구운 스틱 스팸을 매콤한 고추장 양념에 버무려 넣은 꼬마김밥

스팸은 그 자체로도 맛있지만 양념에 조려 요리하면 더 맛있습니다. 한마디로 뭘 해도 맛있는 밥도둑이라 할 수 있죠. 외국에서는 스팸을 주로 데리야키 소스에 조려 먹는데 진미채처럼 잘라서 매콤한 고추장 양념에 조려도 잘 어울릴 것 같다는 생각이 스치더라고요. 역시나 바로 실행에 옮겼는데, 매콤한 맛이 자꾸 생각나는 중독성 강한 요리가 되었지 뭐예요. 게다가 아이는 매워서 먹지 못할 줄 알았거든요. 그런데 예상 외로 맛있게 잘 먹는 거예요. 그 모습을 보니 이번에도 흐뭇할 수밖에요.

12개 분량 ⟶ 재료

스팸 1캔(200g), 김밥 김 3장,
식용유

고추장 소스

고추장 1T, 간장 1T, 물엿 2T,
참기름 1T, 다진 마늘 1/2T

밥 양념

밥 2공기, 소금 2꼬집,
참기름 2T, 깨

1
스팸은 6~7등분한 뒤 뜨거운 물에 데쳐
스틱 모양으로 길게 썰어주세요.

2
달궈진 팬에 스팸 스틱을 올려 튀기듯
구워주세요.

3
팬에 고추장 1T, 간장 1T, 물엿 2T, 참기
름 1T, 다진 마늘 1/2T 넣고 양념장을 끓
이다가 스팸과 함께 볶아주세요.

4
밥 2공기에 소금 2꼬집, 참기름 2T, 갈
은 깨 넣고 비벼주세요.

5
김은 가로 세로로 한 번씩 접어 4등분해
주세요.

6
김에 밥을 3/4 지점까지 깐 다음 매콤
스팸 올려 돌돌 말아주면 완성입니다.

숙이네 꿀팁

· 고추장이 아닌 간장 소스로 만들어도 맛있어요.
· 김밥으로 말지 않고 반찬으로 먹어도 맛있어요.
· 큰 김밥으로 말아도 맛있어요.

**김밥은 장르다
숙이네 김밥 100**

초판 1쇄   발행일   2025년 4월 30일
초판 2쇄   발행일   2025년 5월 7일

지은이   한혜리
펴낸이   유성권

편집장   윤경선
편집   김효선 조아윤   홍보   윤소담 박채원   디자인   박정실
마케팅   김선우 강성 최성환 박혜민 김현지
제작   장재균   물류   김성훈 고창규

펴낸곳   ㈜이퍼블릭/
출판등록   1970년 7월 28일, 제1-170호
주소   서울시 양천구 목동서로 211 범문빌딩 (07995)
대표전화   02-2653-5131   팩스 02-2653-2455
메일   loginbook@epublic.co.kr
블로그   blog.naver.com/epubliclogin
홈페이지   www.loginbook.com

로그인 은 ㈜이퍼블릭의 어학·자녀교육·실용 브랜드입니다.